滋润心灵的森系阅读／营造清幽雅致的自然生活

Garden花园Mook

绿手指
GREEN FINGERS

缤纷草花号 Vol. 10

[日] FG武藏 编著
花园MOOK翻译组 译

U0232539

长江出版传媒 湖北科学技术出版社

图书在版编目（CIP）数据

花园 MOOK · 缤纷草花号 /（日）FG 武藏编著；花园 MOOK 翻译组译 . — 武汉：湖北科学技术出版社，2020.8

ISBN 978-7-5352-9472-2

Ⅰ. ①花… Ⅱ. ①日… ②花… Ⅲ. ①观赏园艺-日本-丛刊 Ⅳ. ①S68-55

中国版本图书馆CIP数据核字(2020)第097624号

「Garden And Garden」—vol.52&vol.63
@FG MUSASHI CO.,LTD. All rights reserved.
Originally published in Japan in 2015&2017
by FG MUSASHI CO.,LTD.
Chinese (in simplified characters only)
translation rights arranged with
FG MUSASHI CO.,LTD. through Toppan
Leefung Printing Limited

花园 MOOK · 缤纷草花号
Huayuan MOOK Binfen Caohua Hao

责任编辑	胡　婷　　张荔菲
封面设计	胡　博
责任校对	王　梅
督　印	朱　萍
翻　译	药草花园　金怡夏　久　方
	白舞青逸　许雯雯　孙敬尧
	罗舒哲
出版发行	湖北科学技术出版社
地　址	武汉市雄楚大街268号
	（湖北出版文化城B座13—14层）
邮　编	430070
电　话	027-87679468
网　址	www.hbstp.com.cn
印　刷	武汉精一佳印刷有限公司
邮　编	430034
开　本	889x1194　1/16　8印张
字　数	120千字
版　次	2020年8月第1版
	2020年8月第1次印刷
定　价	48.00元

卷首语

　　说起草花，总会给人娇弱、纤细、生命短暂的印象。确实，大多数草花有着柔弱的外表，也不会如树木般长存，但是在它们短暂的生命里绽放出的美丽，却是那么动人心弦。本期《花园MOOK·缤纷草花号》将带你走进草花织就的缤纷世界。

　　在本期特辑《利用草花搭配，提升庭院格调》中，我们将走进四个花园：复古风情的横滨英式花园、野趣盎然的京王天使花园、自然多彩的沃土花园和我们的老朋友黑田园艺店，学习使用草花打造花园、提升庭院格调的秘诀，并邀请了三位园艺专家，解答草花与其他花卉、树木搭配的技巧，让你的花园也能形成层次分明、体量和谐的完美景观。

　　在焦点植物栏目中，我们将视线聚焦到人气植物矾根，以及还不太为人所知的黄水枝。它们都具有耐阴、耐寒的特性，不仅能以最美的叶色装点冬日花园，还会在春天爆发出轻盈秀美的花枝。

　　组合盆栽是近两年的热门话题。秋冬季用小草花做成组合盆栽，是这些小精灵短暂生命最美的呈现。本期，我们还特别推出了《组合盆栽色彩搭配术》一文，向大家介绍如何利用色相环来选色、配色，制造流动色感，让组盆更显鲜活。

　　在原创作品里，我们可以看到来自南京的西风漫卷带来的神奇火箭炉。这位技术帝，将通过大量图片来讲解如何在花园里建造这个制作美食的神器；来自安徽的萧江将展示他打造的徽派小院，分享纯粹的乡村生活；而大家熟悉的来自成都的海妈也会用情感充沛的语言，描述她的秋日园艺生活。

　　除此之外，在本期作品中，我们还将一起去体验各地花园的别样风情。花园最大的魅力在于它是一个兼容并包的小世界，树木、花草、杂货……作为一个宽容而智慧的主人，了解它们各自的魅力，让它们各司其职，正是提升花园格调的要诀，也是花园生活的乐趣所在。

《花园MOOK》特约主编
药草花园

目录

这个春季，让庭院的面貌大改观

利用草花搭配
提升
庭院格调

很多读者来信诉说他们在打造庭院过程中遇到的困难，
尤其是在草花的搭配上，
不知道怎么组合才好看。
针对有这类烦恼的园丁，我们特别推出本辑来帮助大家解决问题。

模范庭院的种植清单

植栽设计的要点,就在这些模范庭院里!
下面介绍人气花园的优美景色
以及植物清单。

横滨
英式花园

复古色的花朵
和轻柔的观赏草
组合成完美画面

　　直立型的月季和轻盈的观赏草种植在园路两旁。月季、松果菊、蓍草的鲜艳色彩,搭配羽毛草和兔尾草随风摇曳的身姿,装点出清新的风景。

▎地址:日本神奈川县横滨市西区西平沼町 6-1

植物配置

植物清单

- ⓐ 月季'莫雷诺'
- ⓑ 松果菊'橘子酱'
- ⓒ 月季'唐尼泰嘉'
- ⓓ 蓍草'蜜桃色'
- ⓔ 兔尾草
- ⓕ 墨西哥羽毛草
- ⓖ 月季'布朗尼'
- ⓗ 矢车菊'黑花球'
- ⓘ 月季'维达尔萨'

Yokohama English Garden

京王
天使花园

跳跃的藤本植物
和恬静的草花
勾勒出和谐的画面

　　草花的表情丰富多彩，组成
有立体感的花坛。抬升花坛里纤
柔的草花打造出野趣盎然的景观。
前方种植的五星花给整体赋予静
谧的氛围，花色从红到白逐渐过
渡，让整个草花组合和谐融洽。

▌ 地址：日本东京都调布市多摩川 4-38

植物配置

植物清单

ⓐ 过路黄 '焰火'	ⓕ 五星花（紫色）	ⓚ 日日春
ⓑ 帚石楠 '新娘'	ⓖ 五星花（红色）	ⓛ 铁线莲 '王梦'
ⓒ 鼠尾草	ⓗ 五星花（白色）	ⓜ 铁线莲
ⓓ 金鱼草	ⓘ 五星花（淡粉色）	
ⓔ 宿根龙面花	ⓙ 五星花（深红色）	

Keio Floral Garden Angel

Garden Soil
沃土花园

植物配置

植物清单

- ⓐ 金银花'格拉汉姆·托马斯'
- ⓑ 玫瑰'潘妮洛普'
- ⓒ 玉簪
- ⓓ 丽果木'雪果'
- ⓔ 丹参
- ⓕ 林荫鼠尾草
- ⓖ 玫瑰'婚礼日'

在绿意盎然的景致里，纯洁的白色玫瑰像光斑一样浮现，直立生长的紫色林荫鼠尾草增添了一份跃动感。颜色的对比，点与线的配合构成美丽的景致。草木间隐现的蓝灰色花架，为花园赋予了别致的风情。

▌地址：日本长野县须坂市野边大字 581-1

Flora Kuroda Engei

黑田园艺

狭小的空间里
搭配了多种彩叶植物
营造出立体丰富的画面

　　在用凹凸不平的石头围成的小花坛里，种植了各种颜色和形态的彩叶植物，成为欣欣向荣的一角。邻近的叶片有着明暗、大小的差异，彼此交替呈现，相映成趣。中心的蓝盆花结出了绒球般的种子，四周的矾根、紫叶升麻伸出的花穗，丰润了整个造型。

▌ 地址：日本埼玉县埼玉市中央区円阿弥 1-3-9

植物配置

植物清单

ⓐ 疗肺草	ⓔ 花叶六道木	ⓘ 彩叶蕨
ⓑ 矾根	ⓕ 蓝盆花‘鼓槌’	ⓙ 紫叶升麻
ⓒ 日高景天	ⓖ 藿香‘波莱罗’	
ⓓ 野草莓	ⓗ 矾根‘莱姆里奇’	

种植大量草花
也不会乱糟糟的园艺智慧

　　很多人都会有这样的烦恼：不断种下喜欢的花，庭院却变得越来越乱。但下面几位聪明的园丁即使在庭院种植大量草花，也不会破坏其设计感。

庭院中心处，彩叶枫柳明亮
的叶子装饰着凉亭，提升整体美
感，成为庭院中的视觉焦点。

树木与建筑物完美搭配
运用对比色
打造有层次的花园

北海道　井须洋子

打造有立体感、经久耐看的花园

　　10年前，井须太太购买了邻居家的空地后，就开始了正经地造园。

　　井须太太心中向往的是在图书中和电视上看到的海外的美丽花园。建造花园就像建造房屋一样，要做好分区。她的目标是即使植物异常繁茂也不能失去整体平衡，要打造一座整洁有致的庭院。首先铺好草坪，再做出红砖小路，然后种上繁盛的植物，营造出野趣浓厚的氛围。在不同的区块里设定不同的色彩主题，例如红、白、黑等。每个区块花色统一，仅在色彩浓淡上区分出重点。尽量选择花谢后叶色依然美丽的植物品种。

　　用手工制作的建造物来分隔不同的区块。夫妇二人亲手制作了5个凉亭、4个隔断，每到一处切换不同场景，使庭院充满立体感。在被树木和观叶植物环绕的凉亭下散步，仿佛到了森林中一般。

　　为了梦想中的美景，井须太太不遗余力地研究自然式庭院。在她的庭院中，每种植物在每个季节都呈现出不同的面貌。

刷成蓝色的凉亭和门扇成为庭院中的亮点，让人不由自主地想向内一探究竟。

手工制作的栅栏前摆放了一把蓝色的椅子，矮牵牛鲜艳的红色花朵和彩叶草古铜色的叶片，将四周丰茂的绿色收拢。

宽广的草坪被树木和草花包围

在安息香这类高大的树木下种植疗肺草和匍匐百里香，看过去仿佛一片绿色的织锦，既有开放性又不缺私密性。

平面图

南

面积：约330 ㎡

地面建筑物和植栽绝妙搭配形成图画般的景致

1.DIY 的凉亭下布置了家居摆饰。椅子下方种植了叶片纤细的野芝麻。

2. 用红砖铺设的弧形地面上摆放了一把有设计感的椅子，充分考虑到人的需求。

3. 凉亭支柱边种着绣球'安娜贝拉'，白色的花朵与下方花叶羊角芹镶有白边的绿色叶片互相呼应。

4. 不同姿态的叶片伸展在道路两旁，造就了一条有深度的园路。

建筑物与植栽的调和，形成画面中的起伏与统一

5. 蓝色的凉亭搭配开红花的美国薄荷，形成引人注目的一景。

6. 矮牵牛的红色花朵与彩叶草的铜色叶片装点园路两边的空间，格外加分。

7. 几根木柱做成的篱笆，将草地上繁茂的植物分隔开来。

8. 蓝色的凉亭前建造了格子状的白色隔断，突出纵深感。朦胧可见红色花朵的落新妇与紫色花朵的铁线莲'波兰精神'，非常吸睛。

悠缓的园路
划分不同种植区域
统一而整洁

香川县 岸原梢

从室内也能看到优美的景色，精心的设计造就私密空间

　　岸原小姐的花园用手工打造的栅栏围成，花园内部看起来简洁干净，富有立体感。玄关旁的小径引导人们走入这座私密的小花园。为玫瑰攀爬设置的栅条涂刷成暗淡的棕褐色，衬托出玫瑰的娇艳鲜嫩，也遮挡住外来的视线，提高了私密性。用红砖铺就的园路设计成绕园一周的环形，起到分区作用的同时，也让园艺工作更简单。园路两旁是花坛，确保了植栽的空间。花坛边缘用砖块叠成弧形，更显别致。庭院中心的橄榄树和DIY的小屋是视线焦点，正好处于和室与客厅的中间，从两边的室内都可以看见。这些精心的设计让前来参观的游客百看不厌。

　　主人岸原小姐喜欢旅行，所到之处都会参观当地的花园。她把旅行中的所见融合到自己的花园里，在日本庭院沉静的基础上，添加来自欧洲的色彩感，从而诞生了这个光彩照人的花园。花园与和式风格的房屋毫无违和感，配置合理。

栅栏、园路、花坛的配置起伏有致，节奏感分明。装饰了古董杂货的小屋，使花园充满戏剧性。

色形相异的叶片组合
让弧形的园路拐角热闹纷呈

用大量观叶植物构成有个性的花境，矾根焦糖色的叶片与深红色的花序成为绿色组合里亮眼的一瞥。

球形的玫瑰花朵优雅迷人
直立生长的草本植物在其脚
下制造出清新、整洁的观感

直立生长的毛地黄、紫叶过路黄搭配在英国玫瑰'亚伯拉罕·达比'的球形花朵下方，突显出玫瑰的可爱。

粉色玫瑰‘羞红诺伊赛特’与‘方丹拉图’的脚下，深紫色的矾根透露着成熟的韵味。

用渐变的粉色
打造被玫瑰包围的华美入口

　　花园的入口处，淡粉色的玫瑰'羞红诺伊赛特''方丹拉图'，亮粉色的藤本月季'安吉拉'把人们的视线引向花园深处。

　　透过客厅的窗户，可以看到栅栏上攀爬的玫瑰，花园中的四季美景在室内便可品味。

平面图

南

面积：约 39 ㎡

活用栅栏和石砖，将空间划分出清晰的区域

1. 花坛和园路勾勒出优美的弧线，给花园增添一分灵动；高低不一的石砖让花园更具层次感。
2. 白色的木质隔断映衬着绿叶，使整体多了一分轻盈的感觉。
3. 繁茂的景天使花坛显得自然优雅。
4. 园路两边装饰上别致的铁艺围栏，随意勾勒出边界。

利用垂直空间
打造浪漫的空中玫瑰花园

大阪府 奥野多佳子

白色木栅栏上爬满白色藤本月季，色调柔和，更显温馨

1. 一处被藤本月季'藤冰山'包围的浪漫空间，可以与家人、朋友在这里喝茶用餐。
2. 空调外机穿上优美的白色"外衣"，再用杂货与绿叶予以装饰。

被藤本月季环绕的秘密花园

充分利用建筑物之间的空隙，打造出花团锦簇、被植物环绕的空间，营造出温馨的氛围。

小小手工花园：
被玫瑰包围的空间

奥野太太家种植了60余种玫瑰，每当花季来临，整个空间都被优雅的花朵包围，十分柔美。从栅栏、拱门的设置，到植物的栽培，都由奥野太太一手包办，完全是一个亲手打造的玫瑰园。

奥野太太最初是因为姐姐赠送的一本关于玫瑰的书而被玫瑰的魅力吸引。11年前，她在建造自家房子的时候，就开始打造这个玫瑰园。玫瑰园共分成两块，分别是从玄关进入的主花园和连接客厅的内花园。主花园面积很小，因此利用纵向的空间，建造了3个连续的拱门。内花园是供家庭成员休憩的场所，地面铺了草坪和石块，四周以浅色的藤本月季搭配毛地黄和黑种草，营造浪漫、轻松的氛围。

到了冬季，所有牵引的玫瑰枝条都需要重新整理、绑扎。仿佛是为了回报主人的热情，玫瑰也茁壮成长，现在已经爬满整个园子，形成壮美的景观。

奥野太太以花园的景象为原型创作的布艺作品，多次在展会上获奖，所以花园也可以说是她艺术创作的灵感之源。5月，玫瑰的同好们不断来访，更是奥野太太一整年中最充实的时光。

深紫色的紫叶黄栌，搭配白色马蹄莲等有个性的植物，形成鲜明的对比。

大量的玫瑰攀爬在玄关入口处的上方。花瓣散落在小径上，宛若一张芳香的地毯。奥野太太说："清扫它们也是一件很快乐的事。"

窗畔墙壁上固定的木栅栏上
攀爬着粉色蔷薇'康斯坦斯精神',
下方搭配了同色系的毛地黄。

丰茂的藤本月季
让庭院的面貌更加立体丰富

　　白色的'藤冰山'覆盖在门廊上，分量十足，颇为壮观。

平面图

南

面积：约 140 ㎡

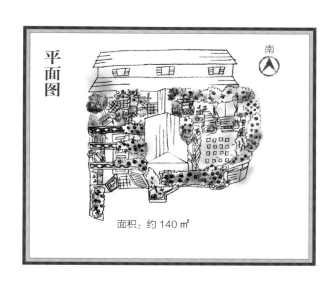

　　与客厅连接的户外延伸处也铺设了木地板，使室内、室外完美融合。

制造视觉焦点，形成张弛有度的画面

1. 草坪中央铺设了规则的方形石块，给人端正的印象。

2. 玄关墙壁的搁板上摆放着杂货，增加趣味性。

3. 蔷薇'保罗的喜马拉雅麝香'攀爬的壁面上，悬挂着一个装满矮牵牛的吊篮，甚是抢眼。

4. 贯穿花园的小路尽头摆放了一把蓝色椅子，成为视觉的焦点。

三座花园的明星植物

井颂家

在此我们精选出前面三座庭院的植栽方案和植物清单，供大家参考。

黄色和蓝色的花朵
巧妙组合
演绎出别致的风景

园路两旁按株高依次种植了大量以黄色和蓝色为基调的草花。为了让它们都能显现出来，特别设计了立体式的植栽方案，使整个花境看起来像自然风花束一般。在园路与草坪的分界处，种植了羽衣草'小女士'和金焰绣线菊，这些明亮的黄色叶子提升了整个画面的明快感。

植物清单
ⓐ 薰衣草
ⓑ 刺芹
ⓒ 玉簪'金头饰'
ⓓ 羽衣草'小女士'
ⓔ 春黄菊
ⓕ 腹水草
ⓖ 沙参园艺种
ⓗ 金焰绣线菊

岸原家

狭小的地栽空间
也要覆盖得绿意葱茏

园路和花坛的交界处，以及建筑物的脚下，都用地被植物覆盖了起来，显得欣欣向荣。充分利用花叶植物，让阴暗的角落明亮起来。这些小小的巧思，正是提高花园完整度的要诀。选用的地被植物也是与周围的环境和氛围匹配的品种。

植物清单
ⓐ 景天
ⓑ 彩星花

植物清单
ⓐ 玉龙麦冬
ⓑ 花叶羊角芹

植物清单

- ⓐ '群星'
- ⓑ '甜蜜夏日'
- ⓒ '萨利·霍尔姆斯'
- ⓓ '格拉汉姆·托马斯'

'甜蜜夏日'虽是微型月季，但生长很迅猛，很快便能爬到架子上。

不同花型的玫瑰 组合起来 给人轻盈的印象

　　仅供一人通过的拱门，像是藏着什么秘密。两个拱门之间用不同品种的玫瑰连接。由于都是多花型玫瑰，重叠交织，看上去魅力十足，搭配上小型花'群星'，在分量上实现了完美的组合。

　　在栅栏和红砖园路间的狭长缝隙中，随意种上几株小小的地被植物，立刻变得丰满起来。花叶的麦冬，把阴暗的角落装扮得清新迷人。

植物清单

- ⓐ 景天
- ⓑ 花叶麦冬
- ⓒ 楼斗菜'黑巴洛'
- ⓓ 葡萄风信子

用草花提升
庭院格调的技巧

三位专家答疑解惑

颜色搭配、结构布局、植物配置……
在种植草花的时候，
专家们一般会在意什么呢？
我们邀请三位有着独特风格的专家，
结合他们的花园，
解说搭配草花时的要点，
让植栽格调提升，闪光点满满！

上野砂由纪

加地一雅

有福创

{ 搭配草花时 需要注意的事项 }

把握好开花时间

上野农场的宿根草数量繁多，在不更新种植的情况下，要保持农场常年有花盛开，就要好好把握这些草花的花期。预先了解每种草花的花期，并设定好它们交替开花的时间段，再根据株型的配合调整种植。

植物的尺寸和空间的容积要相配

事先预估好每种植物生长成型后的大小与种植空间的比例，特别是在小空间里种植时，植株太高会显得不和谐。一边考虑空间大小，一边斟酌每个季节的植物配置，这样无论多小的庭院，都能有四季可赏的风景。

像舞台演出一样，决定主角和配角

根据花期、花色、株高的不同，选择好草花的品种，并像舞台演出一样，决定主角和配角，这样庭院就会具有故事性，在设计上也产生了强弱的对比。

主角：即使一株也能产生华美感的花，如玫瑰、大丽花、百合……

配角：给人自然印象的草花，如山桃草、羽衣草、蓝盆花……

另外，也要关注花形的搭配，例如浑圆的花葱、柔美的落新妇、蓬松的老鹳草，这些个性十足的"演员"彼此组合，可以打造出表情更加丰富的庭院。

园艺师

ueno farm

上野砂由纪

profile

北海道知名花园"上野农场"园主，参与设计建造了"风之花园""大雪森花园"等。

园路两侧
的植栽
根据株高
分成三段
层次分明

在园路的两侧依次规划了50cm、100cm、150cm 不同高度段的种植区域，让所有植物都清晰可见。为了吸引目光，在外侧种植了雄黄兰这类开花前叶片线条优美，开花后株型也不凌乱的植物。

照片拍的是8月初的风景，8月中旬天蓝绣球陆续开放，花期持续至晚夏。花期微妙的差异，让此处四季都有花可赏。

植物清单

维吉尼雅蔷薇、金光菊'金色风暴'、萱草、重瓣肥皂草、金鸡菊、藿香、腹水草、毛蕊花'十六烛'、雄黄兰、天蓝绣球。

Flower arrangement Sense up Technique

白色花园里
姿态各异的
花朵

白色的花园很难制造出色彩的渐变，但可根据植株长势的强弱、花形和开花方式的不同产生变化，成为有气质的花园。例如蓬松的美国薄荷、集群开放的天蓝绣球、立体而有魄力的蜀葵，这些形态各异的花朵组合起来恰到好处。除绿色叶片之外，还可以加入紫铜色和银色的叶片，使整个场景更加变幻多彩。照片拍的是7月的景色，到了8月，大朵的百合会成为主角。

植物清单

美国薄荷、天蓝绣球、蜀葵、泽兰'巧克力'、重瓣肥皂草、毛蕊花'婚礼蜡烛'、松果菊'宝贝白天鹅'、锦葵、藿香、马鞭草'白色耳环'。

园艺师

ueno farm

加地一雅

profile

从事庭院的设计、施工，以及园艺相关商品的销售工作，也是引领日本园艺潮流的一位园艺师。以"造园始于与自然的共生"为原则，致力于发挥草花本身的魅力。

搭配草花时
需要注意的事项

打造自然式庭院，对环境的把握最为重要

如果想把庭院打造成像是从大自然中裁剪下来的一块，植物的颜色、形态都要与环境相契合。种植前确认好以下要点，让植物自然生长。

环境确认
- ☐ 日照
- ☐ 通风
- ☐ 土壤的排水性
- ☐ 朝向
- ☐ 周围建筑物的状态

植物确认
- ☐ 种植的主题
- ☐ 色彩方案
- ☐ 植物清单
- ☐ 交替开花的时间段
- ☐ 每种植物的花期
- ☐ 重点花季

Flower arrangement Sense up Technique

预估盛花期的
植物体量
再搭配颜色

植物清单

recipe

龙面花、香雪球、吉利花、花葱'白礼服'、蓝蓟、飞燕草'北极光'、脐果草。

这是小屋前的一块小型种植区域，预估到植物在盛花期时体量丰满，特意选择了一些淡雅的花色。选用龙面花、香雪球这类皮实、开花期长的花卉，再加上飞燕草'北极光'这类给人印象深刻的草花，以蓝色为中心，搭配紫色、淡薰衣草色和白色，整体看起来美丽大方。

园艺师

ueno farm

有福创

profile

专注庭院设计、施工的"空间制造工坊"的店主。他在 2014 年东京玫瑰展上斩获大奖后，又在各大园艺展上获得优秀奖，现在着重提倡低维护的优美植栽。

{ 搭配草花时 需要注意的事项 }

设置"点""线""面"的组合

· 圆形的小花作为"点"，营造纵深感。
· 修长的叶片富有"线条"的灵动感。
· 大叶片的植物作为"面"，体现安定感。

充分应用自己的成功经验

设计师不仅需要感性思维，还要有理智的把控，找到适合自己的成功方程式，草花的搭配就会变得更容易。下面介绍一下我的成功方程式。

· 花叶植物的成功使用案例：奶油色的花朵搭配黄色花叶。
· 具有个性的草花搭配同样有个性的其他植物，意外地协调。
· 时尚的植栽组合可以以深绿色叶片为基调，搭配铜叶、银叶、白色斑叶，气氛更足。

绿意盎然的庭院中彩叶的组合是关键

植物清单 *recipe*

紫叶茴香、大戟、花叶荻、花叶芦竹、花叶兰香草、鼠尾草、绣球'安娜贝拉'、紫叶白桦。

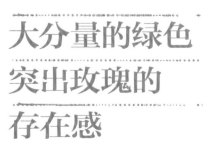

左图中的庭院以"自然治愈"为主题，选用了颜色柔和的植物。叶色以黄绿色和蓝银色为主，植株连绵蓬松，前方的花叶芦竹和右后方的紫叶白桦是整体的焦点，这些植物组合起来形成高低差，变化多姿。

大分量的绿色突出玫瑰的存在感

为了调和自然式花园整体的氛围并突出玫瑰的存在感，在下方的草本植物中增加了观叶植物，富有野趣的彩色花朵点缀以荆芥、升麻等轻盈柔美的植物，丰富了整体的层次。另外，为了防止整体造型过于散漫，加上了玉簪来体现安定感。

植物清单 *recipe*

玫瑰'赛琳弗雷斯蒂尔'、玫瑰'菲利希亚'、矢车菊、玉簪、荆芥、风铃草、升麻。

提升庭院的韵味

魅力多姿的矾根和黄水枝

荻原植物园　荻原范雄

Heuchera
&
Tiarella

近年来，矾根和黄水枝不断被培育出新的品种，受到了广大园艺爱好者的热切瞩目，也跻身花园植物栽培中不可或缺的成员 。

在背阴处也能健壮成长的矶根和黄水枝

拥有多种叶色的矶根和拥有深色斑纹、缺刻叶子的黄水枝是花园中的常客。随着季节的变化，它们的颜色也会随之而变，为花园带来不一样的韵味。如今它们对于园艺爱好者来说，已经是不可或缺的植物了。

矶根和黄水枝都是原产于北美的虎耳草科多年生草本植物。矶根已被确认的原生品种约有 50 个，黄水枝则约有 5 个。近年来，美国等地掀起了杂交的热潮，日本也有多个类型的新品种不断问世。最近，市面上还出现了一种用矶根和黄水枝杂交，兼具"丰富的色彩"和"深色缺刻"，俗称泡沫铃（*Heucherella*）的园艺种。

除了叶色与叶形，一直从春季盛开到夏季的可爱小花也是矶根和黄水枝的魅力之一。矶根有纤长的花茎和铃铛状的花朵，黄水枝的花茎稍短，花瓣细长。花期到来时白色、粉色、红色等颜色的小花一齐盛放，颇为华美。虽然花期我们看到的是花萼，不过一般情况下仍然称其为花朵。另外，赏花期长达一个月也是其惹人喜爱的原因之一。

无论是矶根还是黄水枝，单株植株都是小巧而紧凑的，很容易打理，置于容器中或是在花园里地栽都能生机勃勃。它们微妙的颜色搭配能够轻易地融入任何风景之中。

这两种植物都有十分良好的耐寒性和耐阴性，属于容易培育的半落叶常绿植物。虽然不同的品种间存在差异，但不管是矶根还是黄水枝，采取同样的管理方式都可享受到植物生长的乐趣。

矶根（上图）的花茎较长，花瓣呈铃铛状，而黄水枝（下图）的花茎较短，花瓣细长。

难看的萝卜状根部怎么处理才好呢？

矶根和黄水枝的耐寒性和耐阴性都十分优秀，健壮又容易培育，但经过数年的生长，根茎会呈萝卜状延伸，植株的形态也会变得杂乱无章。在此向大家介绍处理这种情形的方法。

> 矶根和黄水枝的培育要点

1. 种植场所

矶根和黄水枝喜好稍湿润且排水良好的肥沃土壤。由于它们不耐高温及潮湿环境，栽植于春季到初夏日照良好、夏季时通风凉爽的半背阴处为最佳，例如落叶树的树荫下就非常适宜种植。盆栽的话则需要进行移动管理。它们的耐寒性极佳，只要不是在温度低于 −20℃ 的极端寒冷地带，皆可在室外越冬。

2. 浇水

矶根和黄水枝不耐极端干燥的环境，盆栽须及时浇水，地栽只要避开干燥地带则基本不需要浇水。

3. 施肥

在植株根部周围撒少量颗粒状的化肥，或者每个月施加 3 次稀释的液体肥料，效果更佳。

4. 移栽

植株经过长时间的栽培后，根系会逐渐劣化，可在春季或者秋季进行移栽，以恢复活力。盆栽植株可每年进行移栽，地栽植株须在栽种 2～3 年后再进行移栽。如果根茎已呈萝卜状四处延伸，移栽时可连同这部分一起埋入土壤。

5. 分株

将萝卜状的茶色根茎用切割刀或者小刀分成 2～3 等份，各自保留发芽点，然后分别移栽到健康的土壤中。注意萝卜状分散的根茎须深埋进土壤中，但发芽点不能埋入土壤。在无日光直射的半背阴处进行培养，一两个月后即可生出新的根系。

分株

为了使各个部分都能发芽，用锋利的刀具将根茎进行分割。

发芽点

移栽，将根茎深埋，避免埋入发芽点。

Flower Bed
地栽花床

矾根和黄水枝的身影活跃于各种场合，或是作为植物栽培的过渡角色，或是为种有多种植物的花坛增添韵味。除了自身的魅力，它们还在很大程度上影响着花坛的整体效果。

明亮的叶色使风景张弛有度

在长凳前的玉簪、圣诞玫瑰，以及一些蕨类等旁边栽种上黄绿色的矾根，提升视觉效果。

【使用品种】
矾根'香茅'

用不同形态的叶片打造百变绿植

将不同形态、质感的叶片组合，并用洁白的种植床加以衬托，更加突显出青翠欲滴的效果。

【使用品种】
矾根'孔雀石'
黄水枝'春之颂'

与周围色彩相映衬的重点色

为了搭配酸模属和筋骨草属紫红色的叶片，选择带有赤黑光泽叶片的矾根。

【使用品种】
矾根'上海'

利用超群的遮盖能力覆盖树木的根部

在树木的根部，用各式各样的宿根草打造出热闹的氛围。橘色和红色系的矾根则更添温馨。

【使用品种】
矾根'银王子'
矾根'饴糖'
黄水枝'薄荷巧克力'

【使用品种】
矾根'电石灰'
泡沫铃'花毯'
矾根'莱姆里基'
泡沫铃'红色信号'
矾根'草莓冰沙'
泡沫铃'甜茶'
矾根'饴糖'
矾根'乔治亚蜜桃'
矾根'好莱坞'

玫瑰 × 矾根的鲜艳搭配

栽种多种黄色系矾根，既盖住了玫瑰的根部又使整体更加明亮。带斑叶的矾根是重点。

Container
盆栽

株型小巧且紧凑的矾根和黄水枝，是十分适合混栽的素材。利用植物柔和的姿态搭配造型别致的容器，打造出富含韵味的景致。

【使用品种】
泡沫铃‘快乐小路’

垂落的藤蔓
增加植株的分量感

白色的花盆里种满了爬蔓型泡沫铃。利用花台打造出高度差，叶片沿花盆边缘垂落，魅力十足。

呈放射状延伸的
组合吊篮

吊篮中各式的叶片溢出篮外。爬蔓型泡沫铃红色的叶脉使整体更添风韵。

【主要品种】
泡沫铃‘太平洋皇冠’

利用有缺刻的叶片
打造轻快的感觉

精致的花盆中聚集了各式的叶片。泡沫铃带有缺刻的金属质感叶片从中跃出，成为整体造型的点睛之处。

【主要品种】
泡沫铃‘枪烟’

装满了充满魅力的矾根和
泡沫铃的花盆

织锦般绚丽的矾根和泡沫铃环绕住正中间的草束，形成对比鲜明的画面。

【使用品种】
矾根‘黑曜石’
矾根‘莱姆里基’
矾根‘蜜桃串烧’
泡沫铃‘太阳能’
矾根‘甜馅饼’

作为整个空间的主角
充分彰显存在感

以矾根为主角，搭配玉簪、常春藤等植物，使整个造型显得十分饱满。矾根硕大的赤黑色叶片给人带来视觉冲击感。

【主要品种】
矾根‘紫色宫殿’

【矾根&黄水枝&泡沫铃】

矾根和黄水枝，以及它们的杂交种泡沫铃形态丰富，品种众多，在此我们按照颜色的分类给大家介绍一些推荐种植的品种。

H: 矾根（Heuchera）
T: 黄水枝（Tiarella）
Hl: 泡沫铃（Heucherella）

绿色系

'草莓漩涡'
T. 'Strawberry Swirls'

植株高约50cm。花色为淡粉色。银色的叶面上浮现出绿色的叶脉。叶片边缘有浅浅的缺刻。

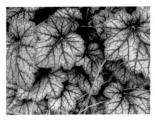

'金星'
H. 'Venus'

植株高约60cm。花色为白色。叶色随季节变化极大。春季叶脉渗透着紫红色，到了秋季叶片变为红色。习性强健，容易栽培。

'巴黎'
H. 'Paris'

植株高约35cm。花色为红色。叶片（除叶脉部分）带银色斑纹。花茎稍短，株型紧凑美丽。

'甜心辣妹'
T. 'Sugar & Spice'

植株高约30cm。花色为淡粉色。叶片大且带有缺刻。黑褐色的斑纹沿着叶脉散布在叶面上。

'花毯'
Hl. 'Tapestry'

植株高约50cm。花色为粉色。叶片带有雪花状的缺刻。叶脉中的紫色会随着季节的不同变换深浅。

'绿色香料'
H. 'Green Spice'

植株高约60cm。花色为白色，十分素雅。圆圆的银绿色叶子上浮现紫红色的叶脉。

'神秘迷雾'
T. 'Mystic Mist'

植株高约30cm。花色会由粉色转变为白色。白色斑纹如雾气一般遍布叶面。植株呈浑圆隆起状生长。

紫色系

'午夜小河'
H. 'Midnight Bayou'

植株高约70cm。花色为淡粉色。略偏褐色的紫红色叶子边缘呈波浪状。春天的新叶略偏粉色，十分美丽。

'上海'
H. 'Shanghai'

植株高约30cm。花色为白色。带有金属质感的叶子春季为紫色，秋冬则变成深红色。

'夜玫'
H. 'Midnight Rose'

植株高约40cm。花色为黄褐色。深紫色的叶面上随机分布着粉色的斑纹。植株造型小巧紧凑。

'梅子布丁'
H. 'Plum Pudding'

植株高约40cm。花色为粉白色。叶色终年保持带光泽的紫红色。叶柄与新叶则呈现出通透的李子色，十分美丽。

'紫色宫殿'
H. 'Palace Purple'

植株高约40cm。花色为白色。深紫色的叶片带有光泽。颜色素雅的花穗密集向上生长。

'艺伎扇子'
H. 'Geisha's Fan'

植株高约45cm。花色为略带粉色的白色。春天的新叶为红色，夏天叶片呈紫红色，秋天则变为茶色。

'方丹探戈'
H. 'Fandango'

植株高约40cm。花色为淡红色。略带紫红色的银色叶片边缘有深深的缺刻。植株造型小巧紧凑。

'枪烟'
Hl. 'Gun Smoke'

植株高约50cm。花色为白色。枫叶造型的叶子发芽时为银色，随着生长逐渐偏向紫褐色。

'提拉米苏'
H. 'Tiramisu'

植株高约35cm。花色为奶油色。叶片底色为黄色，叶脉周围朦胧渗出橘红色。

'三角洲黎明'
H. 'Delta Dawn'

植株高约35cm。花色为淡淡的奶油色。叶子为黄金色，叶脉嵌有红色。春季的新叶时期，叶片上红色的斑纹呈晕染状散布。

'阿拉巴马朝霞'
Hl. 'Alabama Sunrise'

植株高约50cm。花色为白色。叶片呈枫叶状，沿叶脉渗出的红色，与叶片形成鲜明对比。

'莱姆里基'
H. 'Lime Rickey'

黄金叶的新品种。植株高约40cm。花色为白色。春天黄色显色良好，到了夏秋季则转变成清爽的酸橙绿。

'琥珀卷'
H. 'Amber Wave'

植株高约40cm。花色为白色。叶子略带光泽，边缘呈波浪状。令人印象深刻的芥末黄色叶片，到了冬天会转变成富含韵味的红叶。

'饴糖'
H. 'Caramel'

植株高约40cm。花色会从白色转变为淡粉色。宽阔的叶子春季为橘色，到了夏季则略带黄色，秋冬季转变为红褐色。

'甜茶'
Hl. 'Sweet Tea'

最新品种。植株高约60cm。花色为白色。白色的花朵与杂交亲本黄水枝相似，十分漂亮。

'伊莱克特拉'
H. 'Electra'

植株高约30cm。花色为白色。鲜艳的柠檬黄色叶片中红色的叶脉给人以深刻的印象。春天的新叶格外美丽。

'桃花心木'
H. 'Mahogany'

植株高约35cm。花色为黄褐色。富有光泽的叶子在春季时带紫色，到夏季则带红色。花茎稍短。植株造型小巧紧凑。

'桃酥'
H. 'Peach Crisp'

植株高约40cm。花色为带粉色的白色。明亮的琥珀色叶子兼具厚度，十分华丽。秋冬季的红叶也十分漂亮。

'南舒'
H. 'Southern Comfort'

植株高约40cm。花色为白色。宽阔的肉桂黄色叶子十分漂亮。秋冬季叶子则转变为绿色。

'樱桃可乐'
H. 'Cherry Cola'

植株高约45cm。花色为红色。略带红色的茶色叶子和红色的花朵相映成趣。秋冬季叶子会转变成深红色。

'草莓冰沙'
H. 'Berry Smoothie'

最新品种。植株高约70cm。花色为奶油色。叶子色泽鲜艳，叶色会由粉红色转变为粉紫色，春季时的新叶尤为美丽。

'银河'
H. 'Galaxy'

植株高约35cm。花色为黄褐色。叶子有光泽，叶色为红褐色，春季时略带紫色。植株造型小巧紧凑。

'乔治亚蜜桃'
H. 'Georgia Peach'

植株高约40cm。花色为略带粉色的奶白色。枫叶造型的明亮红叶上，仿佛蒙着一层白色面纱。

蓝色调

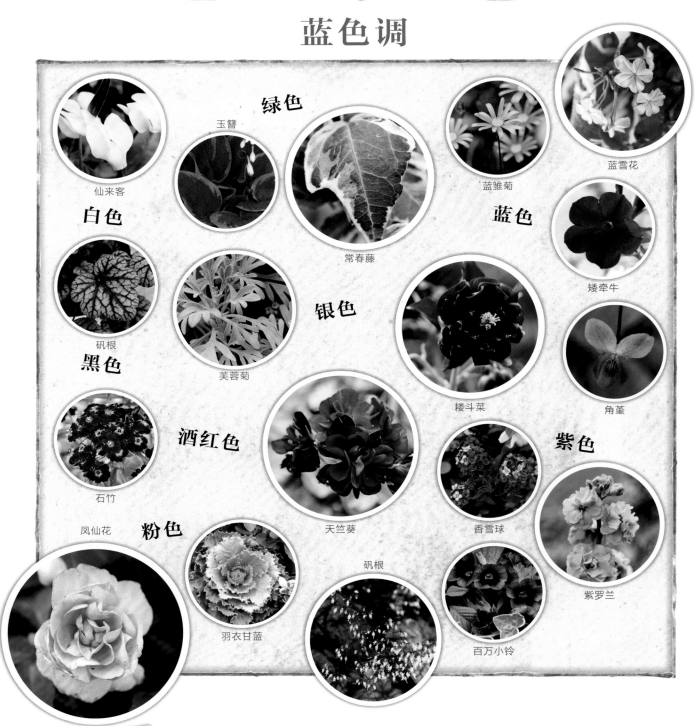

绿色

仙来客

玉簪

常春藤

蓝雏菊

蓝雪花

白色

矾根

银色

芙蓉菊

蓝色

矮牵牛

黑色

石竹

酒红色

耧斗菜

角堇

凤仙花

粉色

天竺葵

香雪球

紫色

羽衣甘蓝

矾根

百万小铃

紫罗兰

组合盆栽色彩搭配术
Color Coordination Method

黄色调

米白色

香雪球

羽衣甘蓝

野芝麻

膜质菊

玫瑰

黄色

绿色

常春藤

百里香

常春藤

悬钩子

杏粉色

薹草

褐色

巧克力波斯菊

橘红色

百万小铃

香雪球

矾根

报春花

龙面花

玫瑰

和谐的色彩搭配是成功的关键
让组合盆栽更加出彩

　　把花卉组合成变幻无穷的组合盆栽是一件充满乐趣的事，但是仅仅把喜欢的花堆在一起，未必能做出优秀的组盆。花色搭配不合理很容易影响整体的效果。下面就由日本园艺达人间室绿小姐为我们讲解组盆时精彩配色的要诀。

学习基本的配色方法

要想从丰富多彩的花苗卖场里找到自己想要用于组合盆栽的花苗，首先需要了解植物组合的要诀。其中最重要的莫过于色彩的搭配。在此我们就来一起学习一些配色基础知识吧。

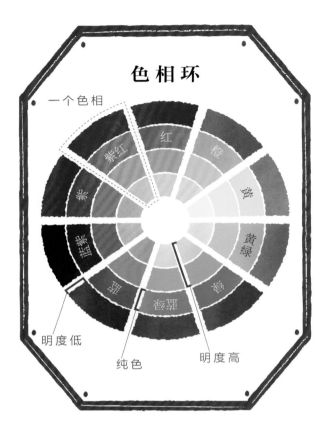

色相环

一个色相

紫红　红
紫　　　橙
蓝紫　　黄
蓝　　　黄绿
蓝绿　绿

明度低
纯色
明度高

了解颜色的种类

方法 1

颜色说起来有无数种，但归纳起来大概可分成10个纯色：红、橙、黄、黄绿、绿、蓝绿、蓝、蓝紫、紫、紫红。所谓纯色是指最基本的、没有加入白或黑的鲜艳颜色。纯色中加入白色，会变亮或变淡，给人明亮、柔和的印象，变成亮色调；加入黑色则会变暗，成为有厚重感的暗色调。也就是说，亮色调的明度较高，暗色调的明度较低。明度不同的颜色使用得当，可以呈现出沉稳或轻盈的效果，体现出丰富的色彩表情。

色相不要超过3个

方法 2

由某个纯色和它的明度变化派生出的颜色群叫作一个色相。用于组合盆栽的色彩搭配一般来说要控制在3个色相之内，这也是基本的要诀。如果超过3个色相，整体的氛围就会变得乱七八糟，难以统一。3个色相也不是随意挑选自己喜欢的，而是先选定作为主角的主色，然后再找出与其匹配的搭配色。

最大的要点是

控制颜色数量

搭配出协调、有流动感的组合

制造颜色的流动感

方法 3

色相差异太大的颜色组合在一起会有冲突感，在差异大的两个颜色中加入中间色会让色彩组合变得柔和、舒缓，产生出流动感。这种流动感可以造就灵动的设计，也带给整个作品自然的氛围。

了解基调

方法 4

基调是潜藏在颜色背后的基本色调，所有的颜色都可以根据基调划分为两大类。一类是以蓝色为基调的蓝色调，给人清爽的感觉；另一类是带有黄色的黄色调，给人自然、温暖的感觉。色调一致，组合盆栽效果就更协调。

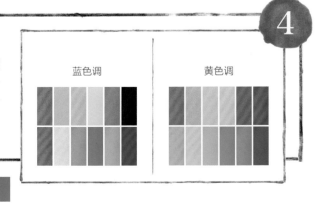

蓝色调　黄色调

从下一页起，我们开始动手操作吧 ▶▶▶

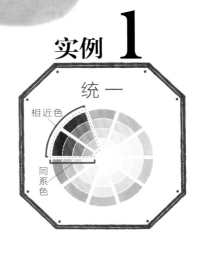
使用容易统一的同系色和相近色

如果你在颜色选择上感到苦恼，可以先从同系色和相近色开始使用。同系色是明度不同，但在同一色相内的颜色；相近色是色相环上相邻的颜色。

色相越接近，颜色越容易调和。在同色相中配色特别适合初学者。

Ⓐ 明＜暗

使用的植物：卷边角堇、褶皱三色堇、龙面花（粉色）、香雪球'薰衣草'、白珠树、紫叶矾根、黑龙麦冬、彩叶络石。

Ⓑ 明＞暗

使用的植物：卷边角堇、三色堇（淡紫色）、龙面花（粉色）、香雪球'薰衣草'、薹草、马蹄金'银瀑布'。

不同明度的搭配呈现不同效果

上面是由红和紫红两个色相组成的组盆作品。组合 A 的植物使用明度较低的颜色，给人沉稳低调的印象。组合 B 中增加了明度较高的色彩，提高对比度，增强了冲击力。两个作品通过改变明度，呈现出了不同的效果。

蓝色调

黄色调

任何色调都可搭配

容器的色调也要统一

容器的颜色也有自己的基调。橘色、黄色无疑属于黄色调，灰色属于蓝色调。容器和植物的色调统一，看上去会更协调。有的花盆属于黄色调和蓝色调之间的中间色调，很浅淡，适合搭配任何色调的植物。

用反差强烈的互补色增添色彩的起伏

要想制作令人印象深刻的组盆，可以尝试选取互为补色的颜色。所谓互补色就是在色相环上位于对立面的颜色，也叫相反色。利用色相差突显颜色的对比，可以达到相互映衬的效果，主角花也会更加鲜明。

C 橙×蓝

使用的植物：角堇（淡蓝色、古铜色、橘黄色、蓝紫色）、报春花（桃红色）、花叶千叶兰。

D 紫红×黄绿

使用的植物：角堇（酒红色、淡紫色）、三色堇（红色）、龙面花（粉色）、薹草、金叶过路黄、香雪球（紫色）。

{ 展现花与花、花与叶子之间的互补色关系 }

C 组合里是橙×蓝的搭配，花叶千叶兰紫红色的茎秆使两个颜色实现了自然调和与流动穿插。D 组合的花色都是紫红色系，但搭配了明亮的黄绿色叶子，增添了活泼感。

搭配不同的色调

前面我们说过色调的重要性，但是全部使用一种色调的话，会过于单调，变成缺乏深度的作品。加入少量不同的色调可以起到相互映衬、突显重点的作用，这种方法也是展示个性的手段。

温暖的橙色系和黄色系小花中加入叶片略偏蓝色系的银叶菊，组盆的风格立刻变得清爽迷人。

将存在感不强的颜色进行组合

在组合中使用多个色相，会让作品看起来很凌乱，无法突出重点。但如果一个作品中只使用明度高的浅色系，也就是常说的水粉色系，或是只使用明度低的暗色系，会使作品欠缺色彩的变化，无法产生对比，因此需要注重在花和叶子的形状、质感上制造重点。

E 亮色调

F 暗色调

使用的植物：卷边角堇、报春花（黄绿色）、三色堇、龙面花（薰衣草紫色、白色）、香雪球（薰衣草紫色、杏黄色、黄色）、羽衣甘蓝。

使用的植物：矾根（铜色叶子）、角堇（黑色）、黑龙麦冬、矾根'黑莓果酱'、雁果木'夜光'、筋骨草'彩虹'、红叶木藜芦。

{ 统一明度，制造和谐感 }

组合 E 集中了高明度的花色，给人柔美清淡的感觉。花色看起来近似，其实包含橙、黄、黄绿、蓝、紫、紫红6个色相。而 F 组合在红、紫红、紫、蓝、橙这5个色相中加入了黑色，形成了明度低的暗色调，给人以幽暗深沉的印象。

简介

间室绿

色彩搭配专家，园艺达人。大学毕业后，前往北欧学习园艺，回到日本后又学习了色彩搭配。现在作为讲师开设了园艺课程并参与电视园艺节目的演出。

莱姆绿色是容易搭配的颜色

给人清爽印象的莱姆绿色，是处于黄和黄绿之间的颜色，具有黄和蓝两种色调，无论和什么颜色的花都容易搭配。

锦葵

迷迭香

薄荷

百里香

鼠尾草

罗勒

苹果薄荷

洋甘菊

迷迭香

旱金莲

山薄荷

茴香

马郁兰

柠檬香蜂草

种植·装饰·品尝

香草＆花

组合盆栽&料理食谱

香草有着美丽的叶片和芳香的气味。它们亭亭玉立的姿态显现出旺盛的生命力，展示出自然的野趣。在不能地栽的地方摆上一盆香草组合盆栽，风景截然不同。接下来我们将介绍不同用途的香草组合和相应的使用方法。

用于制作沙拉的香草组合

选取色彩丰富的可食用花草，制作成吊篮。高挑的金鱼草与垂吊的香豌豆组合，可爱又不失野趣。金鱼草和旱金莲淡雅的花色配以夏堇深蓝色的花朵，整体看起来错落有致。

花盛的旱金莲和夏堇，令盆栽更加美丽。注意避免缺水。

植物清单

| 香豌豆 | 旱金莲 | 夏堇 | 金鱼草 |

可食用花草沙拉

生菜的绿叶上，点缀着香豌豆和夏堇的花瓣，赏心悦目的一盘菜肴让餐桌上的气氛都活跃起来。

材料

沙拉（适量）
·卷心菜、生菜
·金鱼草（花）、夏堇（花）
·旱金莲（花、叶）
·香豌豆（花）

酱汁（适量）
·罗勒（按个人口味）
·橄榄原油
·白葡萄酒醋
·盐、胡椒

（译者注：香豌豆的豆子和豆荚有毒，花也有微毒。可用豌豆花代替。）

制作方法

①沙拉材料洗好后切成合适的大小，盛入盘中，分量可以按个人喜好增减。
②橄榄原油和白葡萄酒醋按2：1的比例混合，随后加入捣碎的罗勒、盐和胡椒。吃之前浇在沙拉上。

组合盆栽 & 料理食谱提供者

组合盆栽：加地一雅（中）
料理食谱：加地育代（右）、西山伸子（左）

加地一雅的花园中种植了许多珍稀的植物。他负责花园设计，妻子育代负责植物种植，西山则负责园中咖啡馆的运营。咖啡馆中使用有机蔬菜制作的菜肴和石窑烤出的比萨非常受客人欢迎。

薄荷生长旺盛，需要经常修剪以维持现有体量。一年生的德国洋甘菊应该在花谢后及早拔除。

用于泡茶的香草组合

这个组合盆栽中种植了几种香气怡人的香草。盆栽后方种植着高挑的德国洋甘菊、锦葵和阔叶密花薄荷，盆栽前方则种植着团状的其他薄荷品种，看上去十分和谐。德国洋甘菊和锦葵给这个盆栽增添了质朴而可爱的色彩。

俯视图

植物清单

德国洋甘菊

巧克力薄荷

苦蒿

香蜂花

锦葵 '欧锦葵'

凤梨薄荷

阔叶密花薄荷

蓝锦葵茶

这种香草茶有着柔和的口感，泡出来的茶水是美丽的蓝色，有镇静的作用，可以缓解喉咙疼痛和咳嗽等。加入柠檬汁后，蓝色变为淡淡的粉红色；也可以和其他香草或红茶搭配。

要点

只摘取花朵部分进行泡制。一杯花茶的用量为一大勺花朵。泡制 1 ~ 2 分钟后倒入杯中饮用最佳，长时间浸泡茶水会变黑。

洋甘菊花茶

这种花茶能够刺激肠胃蠕动，帮助消化，最适合饭后饮用。因为有提高体温、促进发汗的作用，洋甘菊花茶还能预防感冒。另外，洋甘菊还有放松心情、消解疲劳和促进睡眠的功效。洋甘菊和蜂蜜的调性和谐，加一勺蜂蜜会更加好喝。

要点

摘取鲜嫩的枝叶进行泡制。一人份的香草茶使用2 ~ 3根枝叶。用量太多的话口感会有点青涩。可以根据个人喜好调整香蜂花与薄荷的配比。

要点

一大勺花朵可以泡制一杯花茶，供一人饮用。洋甘菊花茶还可以缓解生理期前的各种症状，但由于会刺激子宫收缩，孕妇应避免饮用。

香蜂花 & 薄荷茶

薄荷类香草的特征是口感清凉，有助于镇定神经和促进消化。这款香草茶口感十分清新。香蜂花被称为"长寿香草"，对鼻炎、高血压、消化不良、头疼等有一定缓解作用。

用于肉、鱼料理的
香草组合

这个组合盆栽中种植了适合与肉、鱼料理搭配且外形蓬松的香草。盆栽中心挺立着茴香和药用鼠尾草，盆栽基部则种植着百里香等小叶片的香草。厚重的花盆为这个组合盆栽增添了稳重感。

俯视图

盆栽中的植物大多不耐湿热，管理时要让土壤保持偏干的状态。少量采收，每隔两三个月施1次缓释肥。

植物清单

| 银叶百里香 | 百里香'高地奶油' | 药用鼠尾草 | 银斑牛至 | 百里香 | 迷迭香 | 茴香 |

香草煎鲷鱼

在鱼腹和鱼鳃中塞满香草，让香味浸透整个鱼身。香草清新的香气会让鱼肉更加美味。

材料 （3 ~ 4 人份）

- 鲷鱼（也可以用鲈鱼替代）……1条（长约30cm）
- 香草（新鲜枝叶）
  - 迷迭香……2枝
  - 茴香……2枝
  - 百里香……2枝
  - 鼠尾草……2枝
- 大蒜……2瓣
- 粗盐……适量
- 橄榄油……适量
- 荷兰芹……少量
- 柠檬……1个

制作方法

①处理鱼身。刮掉鱼鳞，剖开鱼肚把内脏取出。洗净后用厨房纸巾擦干水分。
②在鱼身表面及鱼腹内撒上粗盐，每种香草取一根，和蒜瓣一起塞进鱼腹。
③在热锅中倒入橄榄油，再在鱼身上抹少量的橄榄油，煎7~8分钟，焦黄后，翻一面继续煎至焦黄。
④烤箱预热至200℃。在涂好橄榄油的烤盘上放入鲷鱼，撒上剩余的香草和蒜瓣，烤15分钟左右。这期间把渗出来的酱汁浇在鱼身上，重复2~3次。
⑤装盘后撒上荷兰芹，摆上切好的柠檬。

法式杂烩香草肉丸

使用有去腥作用的3种香草制作而成的肉丸。香草的用量可根据个人喜好增减。

材料 （3 ~ 4 人份）

制作肉丸用
- 牛肉、猪肉混合绞肉……400g
- 香草（将新鲜的香草切碎）
  - 牛至……1/2小量勺
  - 百里香……1/2小量勺
  - 鼠尾草……3~4片
- 盐……1小量勺
- 大蒜……1瓣
- 黄油……1小量勺
- 白葡萄酒……适量
- 面粉……适量

法式杂烩用
- 洋葱……1个
- 红甜椒……1/2个
- 黄甜椒……1/2个
- 青椒……2个
- 西红柿……2个
- 茄子……1个
- 芹菜……1根
- 胡萝卜……1/2根
- 西红柿罐头……1/2罐
- 香草
  - 迷迭香……1枝
  - 牛至……1枝
  - 鼠尾草……2~3片
  - 百里香……1枝
  - 茴香……1枝
- 大蒜……1/2瓣
- 橄榄油……适量
- 盐、胡椒……适量

制作方法

①把绞肉放入碗中揉匀，加少量盐后继续揉。
②加入蒜泥和切碎的香草，揉至黏糊状。
③捏成肉丸后撒上面粉。
④在平底锅中放入黄油。黄油熔化后，加入③煎炸。轻轻晃动平底锅让肉丸翻面，这样可避免肉丸碎掉。
⑤待肉丸表面焦黄后加入白葡萄酒，盖上锅盖焖煮。
⑥另起一个锅，放入橄榄油和大蒜煎炒，有香味后放入切成长1cm条块状的洋葱、芹菜和胡萝卜，继续翻炒。
⑦加入剩余的蔬菜，再放入西红柿罐头和香草类。
⑧蔬菜炒热后，倒入⑤中的肉丸和汤汁。煮10分钟左右，加入盐、胡椒调味。
⑨装盘，用茴香装饰。

小小的 DIY 作品
让前院花园更加生动

这次邀请木工教室的关口老师来教我们怎么制作带留言板的花箱。赶快利用这个小道具，把花园前院打扮得美美的吧。

关口洋子

关口女士在埼玉县开设了一间木工教室，大家可以通过半天到一天的课程来学习制作一件作品，即使是初学者也可以完成哦。

摄影：信太明美邸

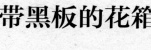

带黑板的花箱

要点 1

抽屉式的花箱
可以放入盆栽花苗

这里正好可以放下3个直径9cm 的花盆，箱子底部开有排水孔，非常好用。

要点 2

刷上黑板漆
做成便利的留言板

拿掉花箱，这里还可以摆放喜爱的杂货。

Material
材料

完成后的尺寸为：长376mm×宽218mm×高900mm（合支架的尺寸为：长376mm×宽470mm×高910mm）

木材（厚度×宽幅×长度）

（本体部分）
顶板、底板（19mm×138mm×376mm）…2块
侧板（19mm×138mm×362mm）…2块
装饰前板（19mm×38mm×376mm）…1块
背板（合成板3mm×376mm×400mm）…1块
前脚（30mm×40mm×500mm）…2根
前脚固定木条（30mm×40mm×296mm）…2根
后脚（19mm×38mm×900mm）…2根
后脚固定木条A（19mm×38mm×300mm）…1根
后脚固定木条B（19mm×38mm×376mm）…2根

〈花箱部分〉
前板（19mm×138mm×376mm）…1块
侧板（19mm×119mm×119mm）…2块
背板（19mm×119mm×334mm）…1块
底板（19mm×119mm×296mm）…1块
●木螺丝A（长40mm）…23根
●木螺丝B（长30mm）…10根
●木螺丝C（长65mm）…8根
●木螺丝D（长50mm）…5根
●木螺丝E（长25mm）…8根
●合页（带木螺丝，长50mm）…2个

●把手（带木螺丝，长127mm×宽20mm×高25mm）…1个
●吊环螺栓…2个
●铁链（长350mm）…1根
※ 可用麻绳替代
●木工用黏着剂…适量
●户外用水性漆…适量
●黑板漆…适量

组装前步骤

对木材进行预处理，并擦掉木屑和粉末。

在需要打木螺丝的地方打好预备孔。

打木螺丝前，在木材上涂抹黏着剂，加强固定。

组装步骤图

① 制作主体部分的木框。将顶板和底板夹着侧板，用木螺丝 A 固定。顶板和底板两端各上 2 根木螺丝。

装饰前板的上部和侧部要和顶板对齐

② 顶板的前面用木螺丝 B 固定上装饰前板。装饰前板的两边各上 1 根木螺丝。

③ 制作前脚部分。前脚固定木条对齐前脚的顶部，另一根在距离前脚顶部约 200mm 处对齐。夹紧固定木条后，用木螺丝 C 固定。在固定木条两端各上 2 根木螺丝。

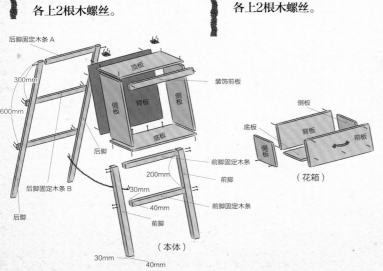

后脚的顶部和固定木条 A 的边对齐

④ 两根后脚夹住固定木条 A，用木螺丝 D 固定。在固定木条 A 的两端各上 1 根木螺丝。为避免在后续工作中碰到木螺丝，将其从固定木条的外侧上入。

木螺丝稍微倾斜上入，可固定得更加牢固

⑤ 从后脚的背后距离顶部 300mm、600mm 处分别用木螺丝 B 固定 2 根后脚固定木条 B。在固定木条 B 的两端各上 2 根木螺丝。

⑥ 制作花箱。在底板的两侧，用木螺丝 A 固定侧板，每个侧板上 2 根木螺丝。背板用木螺丝 A 固定，与侧板和底板的接合面各上 2 根木螺丝。

前板要和侧板的顶部对齐

⑦ 把步骤 6 的作品反过来，在侧板的前面用木螺丝 A 固定一块前板，与侧板的接合面各上 2 根木螺丝，与底板的接合面上 1 根木螺丝。

⑧ 在本体的背板前面涂上黑板漆，其他木料用水性漆涂刷，涂好后擦拭多余涂料。

⑨ 涂料完全干燥后，用木螺丝 D 固定此前做好的木框和前脚。在木框底板向着固定木条 A 的方向上 3 根木螺丝。

⑩ 用木螺丝 E 固定步骤 8 做好的木框背板，在如图所示的位置上 8 根木螺丝。在顶板的背面用两个合页装上后脚。

⑪ 在花箱的前板中央装上把手。把本体翻过来，在前脚和后脚的固定木条底部装上吊环螺栓，再挂上铁链。作品完成。

后脚固定木条 A
300mm
600mm
顶板
装饰前板
侧板 背板 侧板
底板
后脚
前脚固定木条
200mm
前脚
后脚固定木条 B
30mm
40mm
前脚固定木条
前脚
后脚
（本体）
30mm
40mm

侧板
底板
侧板 背板 前板
（花箱）

打造独具魅力的花园
从玫瑰拱门的制作开始

只要存在即可产生压倒性的魅力，这就是玫瑰拱门。因此大家在建造拱门时都希望尽可能使其更具效果，更大限度地发挥魅力。在此，我们请教了玫瑰大师木村卓功先生制作玫瑰拱门的秘诀，将带有拱门的美妙场景一起呈现给大家。

简介

【 玫瑰之家 】

木村卓功 先生

作为育种专家，木村卓功先生经营着拥有2000种以上玫瑰苗的专门店"玫瑰之家"，同时也担任店里玫瑰讲座的讲师，以其对玫瑰的深厚了解和热爱吸引了众多人气。

【 攀爬在拱门上的玫瑰采用的是什么品种呢？ 】

①   '藤冰山'
②   木香
③   '龙沙宝石'

【 据木村先生说，其中似乎也有并不适合装饰拱门的因素 】

'藤冰山'

【培育时任其生长，会破坏整体平衡】

·如果放任植物自由生长，它们可能会集中在拱门顶部胡乱开花。正确的做法：将植株根部的嫩枝修剪到30~50cm长以促进分枝发育。等到植株覆盖了整个拱门，在春季开花后半个月左右，修剪拱门曲面部位的枝条以促进枝条更新。

·和'龙沙宝石'一样，植株在生长数年之后难以产生新的嫩芽，因此要确保植株尽早生发分枝。

·筷子般粗细的枝条也能开花，引导攀爬时以轻微修剪为宜。

木香

【如果是制作家庭用的拱门，盆栽的木香更合适】

·地栽的木香容易长得过大，很难保持拱门整体的平衡。可以选用10~12号大小的花盆进行培育，适当地抑制其生长。

·如果要把地栽的植株移栽到花盆中，必须在冬天的休眠期进行。修剪枝条过长过多的部分，保留长50cm左右，根系则尽可能保留。

·木香在没有经历夏天的酷暑和冬天的严寒之前，枝条不会开花。枝条的修剪需要在夏天到来前完成，秋冬期间适当修剪枝条，去除多余的枝条即可。

'龙沙宝石'

【牵引粗壮的枝条攀爬，需要熟练的技术】

·由于枝条粗壮，要进行细致的攀爬牵引非常困难。想要操作简单，春天过后必须对较粗壮的新枝进行一次摘心处理，让一根粗枝分化成2~3根枝条，这样就能生成适合牵引攀爬的较细的枝条。

·筷子般粗细的枝条也能开花，因此从枝条上筷子般粗细的位置开始修剪。枝条修剪的位置便是开花的位置。将枝条散布在整个拱门上，到了春天就能见到无比美妙的景色！

·数年之后植株不再长新的嫩芽，因此在初期定枝较好，确保短小枝条在靠近根部的地方也能开出花来。

更加轻松地享受玫瑰拱门的乐趣！

引攀爬很简单

和大家分享
木村卓功先生推荐的
5个适合拱门的
玫瑰品种

无论哪一种玫瑰，只要引导枝条攀爬在整个拱门上，就能见到美妙的景色！

健壮又容易培养

'奥德赛'

培育国：日本
株高：约1.8m
株型：直立灌木型
花朵直径：中等
开花特性：四季常开

木村卓功先生培育出的品种。半重瓣，密集型，从中央呈放射状开花，花瓣稍带波纹状。春秋季为带有紫色的赤黑色，夏季高温期则会变为深红色。带有大马士革玫瑰的浓香。

【要点】
分枝良好，靠近植株根部的地方也容易开花，即便是新手也可以装饰出漂亮的拱门。粗壮的新枝因枝条稍硬，适宜在距离植株根部30cm左右的地方定枝并促生分枝。筷子般粗细的枝条也能够开花，因此将这种粗细程度的枝梢牵引攀爬在拱门上即可。

'落日之光'

培育国：英国
株高：约2.5m
株型：藤蔓型
花朵直径：中等
开花特性：二次开花

该品种的玫瑰花瓣呈珊瑚红，波浪状。开花时成串盛开，非常华美。香味像是水果香中混入茶香的味道。耐病性强，易培育。

【要点】
该品种的玫瑰枝条柔软，容易牵引攀爬。随意将枝条散布在拱门上，便可造就一幅颇为耐看的风景。推荐新手种植。

'玛丽玫瑰'

培育国：英国
株高：约1.6m
株型：灌木型
花朵直径：中等
开花特性：反复开花

可爱的粉色花朵，呈放射状开放。混合了大马士革玫瑰和牛奶的香气。植株长势旺盛，即便有病害也很少枯萎。

【要点】
虽然枝条的生长时间较长，但由于开花情况良好，花朵开满拱门时能形成非常美丽的风景。推荐慢慢培育。

'玛丽居里夫人
IYC2011'

培育国：日本
株高：约2m
株型：藤蔓型
花朵直径：中等
开花特性：反复开花

奶油般的白色花瓣，飘飘然如波浪一般营造出优雅的氛围。花朵呈放射状盛开，开花的持久性好，秋季也可开花。带有水果系的浓香。

【要点】
该品种枝条柔韧，易于引导攀爬，且细枝也能开花。将筷子般粗细的枝条定枝后，让其攀爬在拱门上，就可以形成漂亮的风景。

'卢森堡公主
西比拉'

培育国：法国
株高：约1.8m
株型：灌木型
花朵直径：中等
开花特性：反复开花

半重瓣花，颇具存在感的紫红色品种。同时也是兼具耐热性、耐寒性、耐病性的优秀品种。秋天也可开花。香气如香辛料的味道。

【要点】
由于是灌木型玫瑰，比起直接攀爬在拱门上，配植于拱门旁更容易使拱门整体都有花朵添色。

玫瑰拱门
美丽造景的启发

'梦乙女'

'夏雪'

洁白与火红的鲜明对比
给人以深刻的印象

　　娇嫩而茂盛的白玫瑰装点的拱门前方，搭配着天竺葵的盆栽。拱门所隔开的空间中，火红的花朵熠熠生辉，形成美丽的焦点。

小花玫瑰轻柔地覆盖着拱门
打造出柔美的氛围

　　拱门上缠绕着玫瑰'梦乙女'，深处的墙壁上攀爬着玫瑰'芽衣'。颜色深浅不一的小花玫瑰互相衬托，打造出分外可爱的一角。

'科莫德雷'

深红的花朵
点缀于满眼的绿色之中

　　攀爬着颇有存在感的深红色玫瑰的拱门，巧妙地融入树木枝叶所描绘的绿色背景中。

'保罗的喜马拉雅麝香'

搭配高挑的地被植物
提升景观的观赏价值

　　仿佛满溢一般盛放的玫瑰对面，挺拔的毛地黄和飞燕草遥相守候。立体化的植物配置使景致相互衔接。

重叠的两个拱门
让视觉延伸

　　缠绕着亮黄色玫瑰和紫色铁线莲的拱门深处，重叠着以另一个浅色玫瑰装点的拱门，突显空间的纵深感。

拱门和深处景观的平衡

　　拱门的深处设计了一面土坯墙。静谧的玫瑰与富含野趣的花草绝妙组合，打造出如画的风景。

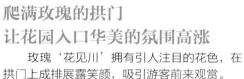

爬满玫瑰的拱门
让花园入口华美的氛围高涨

　　玫瑰'花见川'拥有引人注目的花色，在拱门上成排展露笑颜，吸引游客前来观赏。

两个品种的大花玫瑰左右缠绕
打造出华美的风景

　　攀爬着大红色和奶油色玫瑰的拱门，与深处紫色的小花和脚下脆嫩的绿叶完美融合。

玫瑰拱门
在场景切换中的
实力演绎

　　在花园与露台的交界处设置了拱门。玫瑰纤细的藤蔓和可爱的小花使场景柔和过渡。

71个能帮你解决烦恼的便利园艺好物

这里会为大家介绍许多能解决问题又好用的园艺产品，
让你在愉快干活的同时能更有效率地完成园艺工作。
所有的产品都是由深受大众喜爱的造园公司和园艺工作者们共同推荐的。

减轻工作负担的园艺工具

01

**一体化的喷雾浇水壶
一次解决浇水和喷雾两大问题**

能够同时浇水和喷雾的水壶。喷雾的喷头可以360°旋转，方便调整方向。

05

**如果弯腰干活让你疲惫不堪
使用这个带有收纳功能的折叠凳吧**

用正确的姿势轻松享受干活的乐趣。凳子上的袋子是可拆卸的，取放工具十分方便。

02

**浇水软管卷盘
让浇水这件苦活变得快乐起来**

具有喷洒、喷雾等7种功能的喷头，可以根据不同的植物选择不同的浇水方式。外观时尚，设计新颖。

03

**可以放入口袋的切割器
让牵引工作事半功倍**

下方可以插在围裙口袋中的麻绳切割器。顶部设计隐藏的刀刃，用手指直接触摸也不会被割伤，非常安全。

06

减轻手腕负担的手铲

手柄和铲子一体化的设计，减轻了手腕的负担，操作便利，铲土量大，非常适合种植植物时使用。

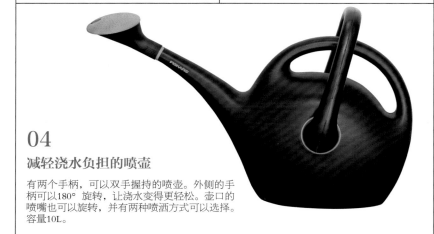

04

减轻浇水负担的喷壶

有两个手柄，可以双手握持的喷壶。外侧的手柄可以180°旋转，让浇水变得更轻松。壶口的喷嘴也可以旋转，并有两种喷洒方式可以选择。容量10L。

07

**女性也可以轻松使用的
轻巧铲子**

荷兰德威特公司生产的铲子，重量约为850g，流线型的设计让人能够轻松使用。

花园设计、施工商和植物经销商田口裕之先生推荐！

可以调整高度的梯子
即使在有台阶的地方也能安心站立！

可以在有台阶或者有高度差的地面使用的梯子，是花园施工者和园丁们入门级的必需品。这种梯子4个脚的高度可以分别自由调节，以配合地面的高低而达到稳定、平衡的状态。

08

15

不会弄脏地面
又能确保操作空间的遮阳布

遮阳布的4个角都有可供固定的纽扣。适合在种植或调配泥土的时候使用。

09

再难修剪的草坪
只用这一把剪刀就够了

刀刃部分可以360°旋转的草坪修剪剪刀。割草机无法修剪到的边缘部分，旋转刀刃可轻松完成。

12

让清扫变得不再麻烦

重量仅1.7kg的紧凑型充电式鼓风机。用扫帚无法聚集的潮湿叶子或者小树枝都能被它强大的气流吸起。

16

眼到手除的
割草刀

特别设计的割草刀，可以割除石砖或石板小路上的杂草。

10

固定和剪切
节约收割的时间

有着固定和剪切双重功能的剪刀，非常适合在采收果实的时候使用。此外，当发现害虫时，也可以在不伤害叶子的情况下用其去除。

13

在有高低差或倾斜的
场所都能轻松固定的花盆垫

聚丙烯制的轻便花盆垫，可以叠加起来使用。根据所需高度调整花盆垫的使用数量。

17

可以固定在肩膀上
修剪高处枝条的
轻便型剪刀

重量约1.7kg，长度可18段调节，伸缩范围1.4～3.1m。附在杆子上的剪刀具有固定和剪切功能。

11

便于握取，重量仅120g的剪刀

享受轻松的修剪生活。手柄和顶部的刀刃呈流线型，容易握取。具有氟涂层的刀刃做了防锈防水的加强工艺，保养起来非常简单。

14

使用手边的燃料就可以轻松
操作的耕种机

操作便捷的耕种机，以容易购买的罐装燃气作为燃料动力。手柄可折叠，结构紧凑易收纳摆放。

颜色：亮橄榄绿

18

转几圈就能
分离杂质

用旋转的方式将旧土中的杂质从根系中分离出来。一次可处理8L旧土。

园艺工具

用于去除介壳虫的刷子

这款刷子长30cm左右，拥有扁平的竹制手柄，在手接触不到枝条的情况下使用起来非常方便。刷头部分为尼龙材料，硬度适宜，价格也很便宜。

22

月季专业种植者富崎启子和数见牧子女士推荐！

19

非常棒的引导工具

可广泛用于播种、种植和田埂耕作的引导工具。工具的两端各有功能，还可以用来绷紧麻绳。

23

不受场地限制的简约布桶

厚度为4cm的可折叠式布桶。不使用的时候可以折叠收纳。经过防水处理的布桶甚至可以用来装水。

颜色从左到右：蓝、绿、红

20

带有可爱鸟笼形罩子的无味驱蚊香

如何在不破坏花园氛围的情况下驱蚊，这款鸟笼风格的驱蚊香罩就能做到。鸟笼的顶部有圆环，可以悬挂起来使用。

24

让大件搬运变得不再痛苦

低重心的设计能减轻肩膀和腰部的负担。

26

减少球根种植工作量的工具

用力下压此工具就能挖出种植球根的洞，同时不影响周围泥土的紧实度，减轻工作负担。

27

便捷的手动式割草机

由于是手动的，操作起来就没有电动的那么笨重。刀刃部分经过精细加工，切割力超群。

21

确保正确播种间距的"神器"

不同品种的植物播种到六盘时需要保持不同的间距，这款标准化的尺子就能帮上忙。尺子上标注有20多个蔬菜品种的播种间距。

25

带来切割新体验的充电式电锯

电锯的整个刀刃被罩子覆盖住，可以如同剪刀般切割树木，初学者也可以安心使用。

提升完成度和颜值的 DIY 材料

28
多功能 电动工具

只需更换工具头就能发挥各种功能的 "Multi Evo" 系列电动工具。底座和钻头、刺锯、打磨头等可更换的多功能工具。

30
可固定用量的管状油漆

略微用力就能挤出油漆，少量使用的时候非常便利。用完后可以直接扔掉。

33
滚出来的可爱涂绘 让气氛变得大不同

印章模样的滚筒，配上可爱的手柄就能简单地涂绘。无论是砖面还是木制品表面都可以使用。

34
DIY 使用的 笔形水性油漆

无论是书写还是绘画都很方便的油漆笔，可随意在墙面涂绘，提升花园的美感。

29
提升木制家具设计感的 简单装饰材料

聚氨酯材质、轻便可切割的锯齿形材料。

31
多种图案的无异味装饰纸

可以用于木材、塑料等各种材料的装饰纸。可剪切成需要的尺寸，用专用胶水粘贴在材料上。贴上装饰纸后还可以涂上清漆来防水。

35
带有不同切割角度的锯箱

被切割物横放在引导底座中间，沿着引导槽可以以45°、90°、22.5° 等不同角度进行切割。

木工教室负责人 关口洋子女士推荐！

显著提升工作效率 用肉眼判断的手动打孔工具

做木工活的时候，这个打孔工具意外地好用。一般电动的钻头需要一个一个对准洞眼才能打孔，非常耗费时间，因此我的工艺品穿孔都是用肉眼判断手动操作的。只要位置正确，仅需引导孔就可以简易操作。

32

36
需要额外辅助时 频繁使用的工具

用很小的力气就可以夹紧固定的工具。非常适合 DIY 使用。

43
不需要维护的水泥枕木

仿造旧木材质感的水泥枕木，不用担心腐烂，且无须维护。

37
常用于防晒降温的地面覆盖材料

被粉碎成直径10~15mm的瓦片粒，具有一定的保湿性。用在夏季需要洒水降温的地方，能达到长时间的保湿效果。

41
用来提亮空间的石材

颗粒大小约为1cm³的细小石材。柔和的淡黄色能提亮整个花园的色彩。非常适合阴生花园使用。

颜色：砂土色

38
有效防止杂草丛生加水就可以固化的砂土

这是一款使用天然砂土来防止杂草生长的材料。将固化砂铺满所需的场所，加水压实，等待其固化即可，初学者也能放心使用。

42
起到预防偷盗作用的复古 LED 灯

这款 LED 灯使用12V 的低电压。复古的铜色灯身也能成为花园的亮点。

44
仿佛叙述着古老故事的石砖

刻有文字的做旧砖头，用来铺垫小路或是单独堆放会让花园显得很特别。

45
轻松搞定欧罗巴风情的仿制花坛石材

用漂亮的水泥仿制石材可以做出如同天然石头堆砌而成的效果。每一块石头重约3.3kg，非常轻便，容易施工。

39
无须特别的工具就能制作出合适的砖块花坛

带有圆孔的砖块配上凹凸不平的专用接合板就能制作出简易花坛。这种设计无须将两者黏合在一起。

砖头颜色：复古棕色

46
一起来享受太阳能喷泉带来的清凉吧

不需要连接电线，利用太阳能发电的喷泉。循环泵使水流动，让你感受到清爽。晚上 LED 灯会自动点亮。

花园的设计、施工商
石井隆义先生推荐！

营造出英伦风情的浅色蜂蜜石

从英国茨沃尔德地区采集的蜂蜜石，给人如同茶色蜂蜜般的柔和印象，和草花搭配起来非常优雅高贵。蜂蜜石可以用于铺垫小路、做成堆积的花坛或花床等，是英式花园里不可或缺的造景石材。

40

"花园工坊 KIKI"（埼玉县川越市）的主人，饭田清美和川井清美女士推荐！

让花园变得更可爱的装饰屋

这个装饰屋是由"花园工坊 KIKI"制作的。可爱的设计搭配上欧罗巴风情，仅仅摆放在那里就提升了花园的档次，成为花园里的焦点。同时，这个装饰屋还可以用来存放一些花园工具和材料。装饰屋的颜色，可根据自己的喜好来选择。

47

53

减少浇水工作量的好物

只需和土混合搅拌就能使用的保湿材料。浇水时能吸收水分，缺水时会适当释放水分。保湿功效能保持3～5年。

48

根据自己喜好设计的浇水隔断墙

带有水龙头的隔断墙。可选配带有设计感的蛇口水龙头、展示用的木板等，特别适合个人定制。

墙壁颜色：白色

49

兼具存储功能的长凳

座位下面带有存储空间的长凳。凳子较窄，可以摆放在较小的空间。

51

可以折叠存放的栅栏

伸缩型的木制栅栏，非常适合用来牵引藤本植物。不使用时折叠起来宽度仅约30cm，不会过多占用存储空间。

木架颜色：深棕色

54

可以变换外形的组合式木架

可以根据场所需要进行组合或分离的木制花架。

50

带有长凳的凉棚架

凉棚架可以用来牵引玫瑰，成为花园里引人注目的优美角落，还可以在绿荫下的长凳上享受美好的下午茶时光。

52

降低播种失败率的好物

使用优质泥炭和肥料搭配而成的播种专用土。由于使用的是天然材料，可以直接用于种植，特别适用于一些不适合移栽的植物。

55

可以重复使用的经济型网袋装盆底石

网袋包装、容量为0.8L的小包盆底石，使用的时候可以直接放在花盆底部。再次使用时可以轻松取出，用水清洗即可。

让穿戴更显时尚的功能型物品

56
颜色：绿色

**从脸部开始防虫
带有纱网的遮阳帽**

帽子的内侧有可收起的防虫纱，内部使用的是速干型和带有散热功能的纤维，非常适合夏季使用。

58
**看起来像裙子的围裙
平时就能穿出门**

像普通裙子般的半腰式围裙。围裙的中间有切口，可以随意大跨幅走动。

62
围裙变身为帆布袋

可变身为帆布袋的围裙，左右各有4个金属钩子，可以根据需要调整为袋子，存放采摘的花朵和果实。

57
颜色：米色 / 薰衣草色

优雅的遮阳帽

可以随意拆装的遮阳帽，扣上纽扣后能够阻挡更多的紫外线。

59
**带有小口袋的围裙
让行动力变得超群**

绒面布料搭配带有玫瑰花图案的布料，做成拼接设计的卷带型围裙。大号的有2个口袋。

63
**不喜欢围裙
那就穿这件罩衫吧**

英国制造。表面平滑的宽松罩衫，使用厚实的帆布材料，非常结实且不易弄脏。左右两侧各有1个大口袋。

60
颜色：玫红色

**轻便舒适的鞋子
提升工作效率**

舒适感极佳的鞋子。防滑的软胶鞋底设计，即使踩在坚硬的物品上也不会觉得痛。使用防水材料，不用担心鞋子被淋湿。

64
颜色：绿色

平时也能穿的雨靴

系带式合成皮雨靴，不下雨时也可以穿。

园艺爱好者
小高静子女士推荐！

61

**不会影响工作
孩子也可以戴的围巾**

无论是夏季还是冬季，我都会戴围巾。然而，成人的围巾在进行园艺工作时会不方便，因此，我选择了儿童围巾。根据颜色、价格和手感不同，可以有多种选择。

65
**长时间穿着也不会觉得累的
轻便长靴**

单只鞋子仅重320g，非常轻便，能减少脚部负担。鞋底部分的胶底防滑，很适合工作使用。

66

保护膝盖，轻松工作的护膝

使用非常结实的皮革，冬季还可以用来防寒。配色也很时尚。

67

随时保持清洁
可机洗的手套

可机洗的手套，不用担心被弄脏。手腕部分使用合成绒面皮革，手背部分为网面材料，十分柔软，便于操作。

颜色：橘色

68

透气防虫护袖

双重网面材料可以有效防止蚊虫叮咬。此外，即使出汗也可快速干燥。

杂志编辑兼园艺顾问
井上园子女士推荐！

使用方便的工具套

这种工具套设计精巧，有3个口袋，不仅能放修剪刀，还可以放笔和手机等物品。除了用于园艺，有时外出采访的时候也会用到。调整皮带长度后就能作为腰包，功能性超群。

69

70

有了它，再也不用担心
被玫瑰刺扎到

使用鹿皮和牛皮制成的手套，特别柔软且耐磨，能够保护手臂不被尖锐的刺伤害。

颜色从左到右为：亮粉色、紫色、亮绿色

71

可阻挡紫外线的
吸汗毛巾

100% 纯棉毛巾。手感轻薄柔软，吸水性强，可以随意清洗。

作者简介

西风漫卷，理工男工程师，种花随性、种菜随缘的"野生"园艺爱好者。凡事知其然必究其所以然的DIY强手。

火箭炉的建造和应用

3年前，我自己动手建了个欧包窑，每当有人问起："这窑能烧吗？"我都很肯定地回答："当然能！"但其实我也很心虚，因为窑是砌了，一个欧包都没烤出来过。这个窑没有做保温层和加固层，烧的时候温度高了窑壁就会冒烟、开裂，所以在烤了一次比萨后就一直闲置，用来作拍照的背景了。

窑闲置久了，长了草，甚至还有流浪猫在里面安家下了崽儿，这简直是对我赤裸裸的"藐视"。发挥不了功能性，这个欧包窑真成了我心中的一道暗伤。

这两年来我一直琢磨着是不是能够改造、完善一下这个欧包窑，提高它的使用功能，然而一直也没理出个头绪，直到在画家老张家里发现了火箭炉。

火箭炉是世界能源组织在非洲地区推广的一种节能设施。它有着一套高效的燃烧系统，利用烟囱效应，使火焰向上窜。由于燃烧时火焰高，并伴有"噗噗"声，所以取名火箭炉。通过回收废弃空桶或其他材料，经过简单加工即可制作成省柴、省钱、能释放热量的火箭炉。

提起火箭炉，就不得不说说它的最佳"搭档"白窑。所谓白窑，是指将加热的烟气与被烘烤的食物相隔离的烤窑，烤出来的食物干净卫生。或许你会觉得这样的食物少了点烟火气，但以我几十年的烧烤经验来看，温度足够高的话，烟火气会自然而来——说白了就是煳了。

将火箭炉和白窑结合在一起就是所谓的火箭炉动力白窑——一个以火箭炉作为升温动力的大烤箱！

在老张家，我第一次听到火箭炉燃烧时"噗噗"的火焰声就被它深深吸引了。这个炉子只需要两三根木柴就能维持充足的燃烧动力。因为拔风作用，炉内进气量大，木柴燃烧充分，也就不会有过多烟气，同时炉子操作便捷，这对于一个柴炉来说已经相当完美了。哪怕老张试烤的第一个面包黑成了炭，也丝毫动摇不了他的信心："煳成这样正说明火力足够强啊！"

之前我在院子里已经建了3个炉子，1号炉是欧包窑，2号炉是和欧包窑同建的烧烤炉，3号炉是圆烤炉。自从建了圆烤炉后，烧烤炉就被闲置了，所以我决定把已是废弃状态的烧烤炉改造成火箭炉白窑。

因地制宜，就这点儿地方，只能"螺蛳壳里做道场"。各种比画后，我决定以原烧烤炉作后支撑，在其前方制作火箭炉并作为烤窑的前支撑，让新窑垂直于原欧包窑。动手前的首要任务是了解各部分构造，并理解其作用。了解构造可以清楚该如何动手，理解各部分构造的作用就能知道是不是可以进一步改进，或者根据自己的实际情况做相应的改变。老张那"土土的"火箭炉和他的农家大院很搭调，但是放我这里就不那么协调了，而且我这里也不方便做雨篷给泥巴外表的火箭炉遮雨，所以一方面得让窑体自带防水功能，另一方面还是要做成耐火砖外包的形式，以便更好地融入我的院子。另外，老张的火箭炉窑是常规的直线型布置，火箭炉在窑门前，操作时总觉得脚下有些碍事儿，所以我决定把火箭炉和窑体旋转90°布置，将燃烧口转到烤窑侧下方。这一改动对燃烧效率和烟气通道都没有任何影响，却可以大大地方便操作。

方案确定了，设计图也就出来了。我最初的想法是尽量不破坏烧烤台，直接把窑体放在台面上，后来发现筒体过大，放上去太突兀，最后还是决定把台面

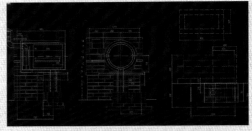

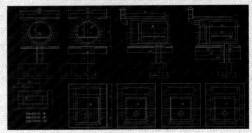

切了。按这个思路我又重新调整了设计图，同时把火箭炉的添柴口从左侧移到了右侧，这样虽然烧火的地方有点儿小，但炉子周围的布局要流畅得多，地方小只有将就点儿了。

1 切割台面石板。切割好后把铁桶架上去，整体高度降低，感觉好多了。

2 把火箭炉嵌在桶下方的花池里做成半地下式，这样的好处是可以利用周围的土石挤住火箭炉外壁，避免烧的时候炉子裂开。

3 用耐火砖拼出火箭炉的形状，断开的花池壁正好卡住火箭炉。火箭炉外围浇灌混凝土，箍住火箭炉。

4 火箭炉内壁用耐火泥封闭并给气道塑形，让气流更顺畅。

5 将一块废弃白铁皮制作成一截烟囱，作为热流上升通道。

6 为了减少热损失，给热流通道做了保温层。保温材料用的是硅酸铝陶瓷纤维，优点是包裹性好，可耐1260℃高温。保温棉外缠上了耐高温的铝箔胶带。

7

用耐火砖垒成热流通道的外包层，这个外包层同时也作为窑体的前支墩。

8

正常窑体的热流出口在上部，为维持外包层的整体性，我改成了后出式，也就是在桶底（窑体后壁）开烟囱口。

9

在桶底开口做烟囱多了几个弯头，麻烦了不少。烟囱在窑体内部几乎是插到底的，作用是进一步延长热流烟气在窑内的滞留时间，增加传热效率。

10

把装上烟囱的筒体放上烧烤台，确定烟囱的走位。烟囱上增加了风门，调节风门的大小可以控制通过的热流，相当于调节烤箱的烘烤温度。

11

切割窑体上的热流进口。

12

内底挡板用一个不锈钢锅盖制作并塞进窑体外桶底部。

13

把做好了保温层和保护层的外筒体安置就位。最终的筒体直径比预想的要大，台面切割的尺寸预留不够，剩下的半边台面都被撑散架了。

14

做筒体的外包耐火砖。这部分主要是为了使窑体更好地融入环境。由于前半部分窑体没有下托石板，想用耐火砖整包比较麻烦，所以只包了大概 2/3 的筒体，露出来的小半截要么等它自然氧化，要么刷刷漆吧。

15

安装温度计。之前老张试烤的第一个面包成了黑炭，很重要的一个原因就是烤炉没有直观的温度显示。用温枪去扫石板不仅不方便，每次开关门还会散失大量的热量，误差也比较大。可是怎么安装温度计却很伤脑筋，因为温度探杆需要穿过三层桶壁以及桶壁间的热流层和保温层，还得保持层间的相对封闭隔离。所以安装这个温度计可谓一波三折，但最终的效果还是挺满意的。

16 安装内桶。内桶口较外桶缩进去 4 ~ 5cm，以便于安装门盖。将裁好的火山岩石板放进内桶，这样，放置在石板上的食材基本就处于内桶的中心轴上，受热最均匀。

17 保温层和热流层进行泥封。三层筒体间夹的保温层和石棉绳需要用耐火泥封闭。

18 窑门盖就用了个木锅盖。将其上下两端略微打磨后，稍稍旋转正好嵌入内桶，可谓歪打正着，完美地解决了门盖的固定问题。

19 把内桶自带的不锈钢盖钉到木盖内侧，组合成一个完美的隔热保温盖。

20 不用石板的时候，可以用一张烤网，这样受热会更均匀。

21 烟囱帽的制作。用的是一个废弃的不锈钢桶底。

22 最后完成的外形。

烤羊肉串。

烤羊排、烤羊腿。

烤比萨。尝试了同时入窑3个9英寸的比萨，边缘太靠近窑壁有一点点焦煳；同时入窑2个，放在中轴线上就比较适宜。

烤鸡翅。

终极目标是烤制欧包。经过多轮测试，从一炉2个到一炉4个，从单炉到连续两炉，再到连续四炉。

　　烤炉一做好，就开始了一轮轮的试用。

　　火箭炉白窑操作简单，温度易控，动力强劲持续，烤制食物干净卫生。如果把温度控制在300℃左右烤制肉类食材，完全可以媲美炭火直烤的效果，当然这也需要一定的烤功。火箭炉还有个突出的优点，就是只需要捡点儿废木柴即可作为燃烧材料，燃料成本几乎为零且升温快、污染小。此外，火箭炉还有很多其他的应用，例如火箭炉炕、火箭炉沙发等。

　　我前前后后建了有四五个烤炉、烤窑了，使用功能方面火箭炉白窑是最满意的一个。烧烤的过程告别了烟熏火燎，不惧风雨、不畏酷暑，操作舒适度有了质的飞跃。颜值嘛，算是比较个性的，反正我是越用越喜欢。所谓"腹有诗书气自华"，要多体会它的内在美。

秋季的花园
昆虫最后的狂欢

满是虫洞的苹果树，苹果和青
虫都是小鸟的美食。

作者简介

　　海妈，园艺师，"海蒂和噜噜
的花园"创始人。曾获得2019年中
国花园节设计铜奖。

　　昨天接孩子们回来的路上听的是周杰伦的《以父之名》，噜噜妹（小女儿）说这首歌有埃及风情，海蒂（大女儿）正入迷地看一本动画书，没有反应。

　　而我在想，九月的花园里有哪些花在开呢？

　　花园带着的情绪，和主人的呼吸频率一样。九月的花园里那么多肉虫在拼命地啃食叶片，那么多的虫洞挂着，某个时候去看，会觉得极其幽默，像某种行为艺术，那些洞排列随机，大小各异，我们称之为自然。

　　相对七月的伤离别，九月多数是快活的。

　　考上大学的、读研读博的、新入社会开始第一份工作的，都会认识好多新朋友，开启人生的新篇章。

就算是下着雨的天气，也会闻到一种青春的味道，有强烈的"兴奋感"，毕竟早上七点出门就开始堵车，晚上八点回家还是在堵车。

幸好我还有花园。在烟雨蒙蒙中，在两场雨的间隙，花园里已发生很多有趣的故事。

此时，有很多花在初开。要知道每年九月初，野棉花就会开第一朵花。抚摸那柔软的花瓣，像同许久不见的老朋友打了一个招呼："嗨，我是海妈。"

我不止3次读《小王子》给孩子们听，海蒂觉得不好听，但我很喜欢。因为里面提到："我们约定了一个时间见面，这个时间就有了意义，越是离那个时间近，我便越是幸福。"我和花儿的约会也一样。突然想起：花儿虐我千百遍，我待它始终如初恋。对于我自己的初恋，因为不是海蒂爸爸的缘故，便已经忘了对方的名字。所以这形容似乎也不太精准，初恋并不一定那么美好和让人难以忘怀。

天牛。

野棉花。

海蒂和噜噜的花园从一开始就没有打药，所以里面发生的故事更加精彩一些，因为只有不完美才会有高潮和起伏。

九月，天牛在我的苹果树上吸了47个洞，推出了大量的木屑和虫屎面，我发现后第一时间用泥巴封了洞，再用保鲜膜缠起来。天牛的吱吱声很"秋天"，抓起来给孩子们玩也是极好的，唯一的问题就是太坏了，去年吸死了我38株无花果。为什么我把这个数字记得这么清楚，因为这些植物都是我种下的，"穷人"的米都是按粒数的，哪里少了一棵植物，甚至一朵花、一个果子被摘，我心里门儿清。

那棵坚强的苹果树活了下来，春天开了一树花，引来大量蜜蜂。夏天的"面苹果"（吃起来口感像土豆泥那样的苹果）引来无数大鸟，它们喜欢藏在茂密的叶片里吃苹果，挑着红的一半吃，余下的全掉地上了。

夏天的苹果。

春天开花的苹果树。

除了蜜蜂和鸟，九月的苹果树上还爬满了青虫，吸引着绿色、咖啡色的螳螂们爬上树狂吃虫，而此时鸟儿们又可大补一顿了。随后更冷一点的秋风扫来，树上唯一剩下的叶柄也掉落了，余下的"光棒棒"，遒劲有力，直刺苍穹！海蒂爸爸走过来拍了拍我的肩膀："老婆！你看你咋得整！这棵苹果树都种歪了！"这就是花园里那棵歪苹果树的故事，假设我是一只虫，该是多么的惊心动魄啊！

海蒂和噜噜的花园里有两位狗兄弟，分别叫大胆和小胆。有一天晚上我和海蒂爸爸巡田完回办公室，它们远远地在路中间对着我狂吠："汪汪……"我一出声："嘿！笨蛋！你不认得我了吗？"它们的声音立马变小了，并且越走越近，假装不是在对我叫，头转向旁边："汪汪……"声音渐弱，假装一切都没有发生过，我还没有走到它们身边，便一溜烟跑了。

这种声音像是秋天的暴热，看起来强势却是再也蹦跶不起来了。

白露一过，甘蔗就开始甜了，这是温差带来的味道。

温差除了能使果味更甘甜，还能使色泽产生变化。此刻的圆锥绣球秋花会变成北美粉色（北美很多圆锥绣球都是仙女粉）。

大胆和小胆。

圆锥绣球'活力青柠'。

成都的夏天暴热，仅几个小时的高温就可以把绣球晒褪色，如抹布般挂在枝头，让人不剪不快。我的策略是在六月初圆锥绣球刚起花苞时，轻剪30cm，将花苞和一些枝杆都剪掉。然后让它全日照暴晒，发新芽，开始追磷、钾含量高的速效液体肥，一周一次，约在八月中旬就可以看到新的花苞长出，藏在两个叶片中间。到九月初，就会完全显色开放了。

圆锥绣球'白玉'。

九月末再次开放的圆锥绣球'石灰灯'。

北美的圆锥绣球。

圆锥绣球'胭脂钻'。

所有圆锥绣球初开的花色都差不多，但到秋色的后调就完全不同了。有些是紫色的，有些是粉白色的，如'白玉'，而'石灰灯'则是哥特风的，带着复古和暗夜的奢靡。说到'石灰灯'，在成都完全可以开两季。五月下旬就开了，六月初就老得发绿，可剪来做干花，然后九月又开了！这时多数花园的绣球都洗白白了，而我的还在开着，这种满足感，给五支口红我也不换！

圆锥绣球'白玉'和'石灰灯'的后调差别。

圆锥绣球'石灰灯'。

我学过草月流的日式花道，里面有对季节的表达。表达秋天有几种材料：狗尾巴草、芒草、野棉花、硫华菊，以及金黄的稻谷和被虫啃过带着无数孔洞的枝叶等。

硫华菊。

这些材料被老师称为是带着表情和情绪的，我试图明白带虫洞的枝叶和秋天有什么关系？为何会产生这样的联想？

幼年在老家，每到八九月就是打谷子的时节，收获的滋味对孩子而言并不好受。稻谷的叶子非常割肉，我的皮肤黑是黑，但还是娇嫩呀。谷子没有割多少，手上口子倒不少，我吵着不想干了，便去抓虫。在我老家经常会把抓到的叫叽叽、油蚱蜢，用稻草串成一串串，和竹节虫一起用做饭的柴火灰烧着吃，口感和虾差不多，都是高蛋白，很香脆。

那时候漫山的野菊花初开，紫菀（我们叫鱼鳅串儿）也开得正好，蓝色天空很高远的样子，一片一片正收割的金色稻田，带着迷人的香气，空气湿热黏糊。

海蒂做的饼，是加班时最美味的零食。

有时会突然变天，当乌云挂上头顶，所有人都会大喊："要落雨了，快收谷子啊！"就连我这样的孩子都有紧张感，绝不再偷懒。常常是盖上胶布的一瞬间，豆大的雨点就滴落下来。大家就会大喊大笑着狂奔回家，那时候我的妈妈在哪里？我已经回想不起来了，可能她还在田里打谷子……我会跑回家做饭，做的馒头都像石头一样硬，从来没有发泡过，但爸爸妈妈依然觉得还不错。这样想来我比海蒂笨多了，前些天她在花园里第一次做馒头就发泡了，还很白。

紫菀。

海蒂的外公在修剪绿篱。

家乡的蚊虫很多，我的腿常常发肿，是自己挠的。如何减少花园的蚊子呢？

以成都的纬度，想做到完全没有蚊子是不可能的，但可以减少到可以接受的程度。某天我到一个小区一楼看花园，才了解大家说的"轰炸机"和出不了门的夏天是什么样子。穿长衣长裤都被叮了，还要钻进衣领里去叮脖子，手掌心都被叮了3个包，出门5分钟，就是去投食献血的，回家挠了一个小时的痒痒。

在花园水池边，海蒂、噜噜和我收获颇丰。

青蛙在睡莲叶片上玩耍。

我的花园遵循自然法则，今年春天有7堆青蛙、癞蛤蟆的卵，育出成千上万只小青蛙，成活了多少我不知道，但是任何时候去"魔法花园"（海蒂和噜噜的花园中的一部分）观察都有小青蛙在睡莲叶子上玩耍。在"摇滚花园"（海蒂和噜噜的花园中的一部分）的丛林里也有无数大青蛙，拨开草丛就会看到它们。

野生昆虫和小动物是花园里难以请来的高贵客人，但有一个好方法：筑巢引凤，用丰富的植物种类来吸引它们。

水生植物种类丰富。

五角钱一条的小红鱼。

海蒂和噜噜的花园里共有3个自然水池，都很浅，最深不超过40cm，最浅仅5cm，用防渗膜铺就，上面铺10cm厚的普通泥土，将水生植物脱盆种进泥里：荷花、千屈菜、睡莲、水生鸢尾、水生美人蕉、水芋、一叶莲、水白菜、再力花、芦苇、木贼……水生植物丰富到难以想象，稻谷也是水生植物。

泥土表面铺上一层碎石以防鱼儿翻动泥土浑了水，养几十尾小红鱼，五角钱一条的品种就足够了，一块钱的太贵、太大了不好。浅水仅能养小鱼，另外就是大鱼并不以蚊子的幼虫子了为食。

能照镜子的水生花园。

豆娘休憩繁衍。

冬天的种絮。

秋天的野棉花。

鱼不用投食，植物不用加肥料，水也不需要泵来净化，很是干净，鸟可以喝、狗可以舔。这就是自然的力量。夏天，无数蜻蜓立在荷尖，豆娘在跳舞交配，我们欣赏着荷花、睡莲出淤泥而不染，有风吹过，掠起一片叶子，看到几只青蛙，感觉很凉爽、很清香。

每个月，我都想找到属于这个月的生日花。九月理想的生日花是秋牡丹，我的家乡也叫它野棉花。它非常适合生长在北方、半阴处、田埂边，适合与观赏草搭配在一起。海蒂说野棉花现在不好看，要冬天更冷的时候才好看，野棉花的种子飞舞，像下雪一样。野棉花在北方的适应性很好，不会像在南方那样由于湿度过大而易烂掉。于我而言，野棉花是对回不去的家乡的思念。

秋季花园里的植物

高砂芙蓉。

紫菀

这是一款非常适合北方种植的植物，有单瓣的、重瓣的，花色也很多，以蓝色系见长。我喜欢紫菀是因为它插瓶有特别的美感，有强烈的季节表达。

蓝紫色的紫菀。

高砂芙蓉

花朵如婴儿拳头般大小，形态长得却像充满好奇的大眼睛。它不爱成群开放，每天开几朵、十几朵，姿态轻盈又悠闲。除了当灌木，还可以修剪成棒棒糖状。播种能力不错，每年春天园路碎石间都会冒出无数娇嫩又倔强的小苗。

花园里的龙胆。

川西高原上的龙胆。

龙胆

"恐龙花园"（海蒂和噜噜的花园中的一部分）的"骨头"花境中，我在岩石缝隙里种上龙胆，它们是金色秋天里的蓝宝石，只在阳光明媚的时候开放，倒映着深邃的蓝天。

花园里的它们与蜜蜂、蝴蝶为伴，野外的它们倔强地坚守在氧气稀薄的高原，如一颗颗蓝紫色宝石紧贴着地面，与山野间成千上万的野花为伴。

10年前我是个登山爱好者，至今还忘不了川西绵延20千米的红石滩，以及高山上的龙胆、绿绒蒿、高山杜鹃……

八宝景天

八宝景天全日照养护最好，花是绝对的蜜源植物，特别招蝴蝶，所以一到秋天园丁就来守着它拍照。

八宝景天在冬天的时候，干花特别好看，下面一堆"小儿子"尤其迷人，像是一朵朵小玫瑰，让人特别期待春天的到来。

八宝景天"小儿子"。

八宝景天干花。

堆心菊

堆心菊严格说来不算秋天特有的，因为它几乎全年都在开花。但菊花很秋天，成千上万个成员选择在这个季节开放，有的像龙须糖、有的像狮子头、有的像乒乓球……繁复的花朵精致高贵，但一个完整的花园也少不了简单、暖心的"小可爱"，堆心菊就是这个小可爱。

它们长情，轻轻地伏在地上、枯木上安静地开花。它们还爱旅行，爱去花园别处串门，还能在石块缝隙中开得尽兴。

冬天晨霜下的细叶芒。

秋天夕阳下的细叶芒。

细叶芒

乍一看细叶芒像个不扎头发的野姑娘，但它在秋日高远的蓝天、夕阳余晖下能瞬间变身飘飘的仙女。观赏草普遍耐贫瘠、皮实，低温中枯萎的枝叶能抵御冬天的霜雪，保护根部的芽点。早春气温稳定上升后，给它"理个平头"，要不了多久又是一位生机勃勃的野姑娘了。

堆心菊。

石块缝隙中的堆心菊。

桂花

提到桂花我会不自觉地深吸一口气。中秋未到，以万、十万计数的小小花苞藏在街道、花园，难寻踪迹。一夜间，无数金色、橙色小花爆炸似的嵌满常绿油亮的叶片之间，整个花园、街道都有花香，但在每个地方闻到的香气好像又不一样。桂花开的那几天，心情总是莫名美妙。

桂花。

黑田健太郎的园艺课
挑战憧憬的白色花园

作者简介

园艺师 **黑田健太郎**

在"绿手指"读者中有极高人气的园艺商店"Flora黑田园艺"的园艺师。擅长植物搭配和打造如画般的庭园，赞誉极高。著有《人人都能轻松制作的花环BOOK》等书。

white garden

以浅黄绿色的百日菊为主角
搭配同色系的花草统一色调

以浅黄绿色的百日菊为主角，旁边种上拥有小小圆球状花朵的白色千日红，再搭配上火棘、天竺葵这些叶片颜色接近百日菊花色的植物，构筑出白与绿交融的和谐景致。绿色的常春藤属植物攀附在枕木上，流木枝干的裂隙中种了银边翠和天竺葵等。以富有韵味的木质道具作为花园的背景道具，使花园更具自然之感。

毛叶剪秋罗

秋牡丹

鼠尾草

希腊牛至

月季"绿冰"

满天星

雪山大

汇集各种白色花卉，打造出"白色花园"是园艺师永恒的憧憬。如何使用清一色的白色花卉丰富花园的景观是一件十分伤脑筋的事情，而这恰恰是园艺师大显身手的地方。

如果您的花园也如同下图一般，种植区域纵深有限，那么可以在靠后侧的地方种植株型较高的植物，然后以中等高度的植株进行过渡，最后在靠前的位置栽种株型较低矮的植物，营造出立体感。这样，即使种植的全是白色花卉也可以展现出植栽的丰富性。

组合花卉时需要注意花形与花朵尺寸的平衡。如果全是大朵的花，观赏起来会有艳俗腻人之感，可加入婆婆纳、香彩雀、鼠尾草（一串红）、牛至等串状的小型花进行调和。这些植物柔软的枝条曲线可以很好地填充大型植株的间隙，让整体植栽更具动感。

虽说使用的都是白色花，但品种众多，有些是浓厚的奶油白，有些是略带浅绿的白。叶片颜色也不尽相同，有深绿色的、偏黄绿色的等。周围栽种的植物叶片颜色不同，呈现出的效果也不同。目前正是花卉品种最丰富的季节，白色的花卉更是琳琅满目。试试用不同感觉的白花佐以不同颜色的叶片，打造出自己专属风格的白色花园吧！

逃离都市 回乡造园

只为最纯粹的乡村生活

作者简介

萧江，寄情于山水，渴望拥有一方小院，种花种菜，过上闲适的田园生活。厌倦了都市的喧嚣后，回归家乡，动手打造"萧江熙苑"。从此，山水为邻、花草为伴，静候四季轮回。

在外打拼多年，渐渐厌倦了城市的水泥森林，爱好园艺的我越来越渴望拥有一个自己的小院来种花养草。恰巧当时"逃离都市风"兴起，再加上关于"三大逃离好去处"的报道，古徽州地带就是其中之一。我的家乡绩溪风光秀丽，文化底蕴浓厚，是徽文化的重要发祥地。我特别激动，鼓足了勇气，下定了决心，义无反顾地踏上了回乡路。

我在建造小院时并没有做整体的设计，简单地用"草图大师"（设计软件）折腾了几张非专业图就开工了。它只能算是一个徽派的农家院。

施工过程中，我与工匠不断沟通，不断调整设计方案，半年后小院完工。

我家小院主体有3层，共有27个马头墙和2座门楼。最初建造时，数字"27"并没有刻意安排，只是正好27个。后来有人问起，我才解释"27"就是"爱妻"的谐音，代表家庭和睦。

马头墙层层迭落，上覆小青瓦，垛头顶端安装搏风板，座头采用了印斗式，代表"文"。文是指古代家族里有当文官的；也有院子采用翘角式，代表"武"。武，顾名思义，就是家中有武将的。

门楼比较复杂，就不展开细说了，简单介绍一下门楼屋脊上的神兽。徽派民居中最常见的是鳌鱼和哮天犬，我家第一座门楼上安装了鸡公兽、鸡母兽。所有的这些神兽都是为了消灾化吉、保平安，有吉祥之意。

院落由上、下两层组成，以回型台阶互连，形成落差，增加层次感，也符合徽州的山地特征和地域美学。整个院子接近500㎡，第一层是花池和菜园，第二层由硬化部分组成；用网购的石块铺成了弧形通道，连接回型台阶通往二层院落。

第一层院子里有6个不同形状的花池，分别种着广玉兰、桂花、红枫、月季、绣球，以及一些球根草花。花池有用河边捡回来的鹅卵石围砌的，我称其为自然风花池；也有用砖块围砌而成的，我称其为怀旧风花池。部分花池还配上了孤石营造出简约的岩石花境。

院子左侧是菜园，我的菜园被大家称为是国外花园式菜园在中国的既视感。菜园占地近200㎡，为防止泥土外溢，菜园也用鹅卵石围边，无意间围出了两个左右对称的葫芦形，中间的一块像是一朵盛开的喇叭花。这样的设计可以将蔬菜分区种植，也方便行走和劳作。把菜苗围圈横排种植后，多余的三三两两点缀于花丛岩石间，看起来也蛮不错。菜园剩余部分也都做了围边和步道，从此雨天不泥泞。

说到菜园，不得不提到我家使用的遵循自然规律的土种播种法。什么是土种播种呢？其实就是用自家代代相传、自己收的菜种子播种。用自家的苋菜、菠菜种子种出来的就叫土苋菜、土菠菜。与超市售卖的相比，这些土菜个头更小，但口感更绵软。如今市场上售卖的许多种子只能用作一次性播种，不能繁衍下一代。但土种种子能够繁衍，生生不息，健康又环保。

冬天万物凋零，唯有冬菜生机勃勃，于是我用各种叶菜做了组盆菜。用稍大型叶菜如娃娃菜、乌塌菜、黄心菜、羽衣甘蓝，以及挂浆果的南天竹作为主体，点缀少量芹菜、香菜、荠菜、矾根、虎耳草，不同色彩错落搭配。主院落的寒冬就靠这些组盆菜"撑场子"，还吸引了不少人来参观。

第一层院子里还种了樱桃树、桃树、葡萄树和橘子树各一棵，还有盆栽的花果和胡颓子。村后山坡上还种了李子、枇杷、石榴、柿子等果树。果子的收获期不同，从春到秋惊喜不断。

作为徽文化的发祥地，家乡保存着世代流传下来的种植节气谚语。比如：清明前后，种瓜点豆；小暑麻，大暑粟，过了大暑种萝卜；寒露油菜霜降麦；春耕深一寸，可顶一遍粪；七寸芝麻八寸粟，适当密点大麦谷。记住了谚语，也就知道了各种蔬菜的种植时间和要求，这也是千百年来农耕智慧的结晶。

二层院落也是主要的活动区域。近150㎡的空间基本都做了硬化，类似于露台，用于晾晒农作物。外区是砖砌的花台木架休闲区，各类盆景搭配乔木、灌木、藤本及宿根草花，组合成花境，增加了观赏性。八根立柱支撑起整个田字架，四平八稳，与徽派院子相得益彰。连接处灵感来自于徽派木加工中的榫卯工艺。

院门与宅正门原以一组木制田园风格屏风分割，后来改成了耐久的砖瓦结构。屏风的存在解决了小院门对门布局上的风水忌讳。屏风区的旧水缸中种着碗莲，旧坛子里插着乡野芒花，木架上是逛村子捡回来的旧罐子，徽式乡村风格建筑与现代园艺杂货混搭起来也不错。青苔老砖在背光面，绕过屏风是多肉植物区，增加了空间的层次感。

因时有外出，我在内区布置了一个相对容易打理的多肉植物区，主要组合了一些既耐热又耐寒的普货多肉老桩，如胧月、冬美人、姬秋丽、观音莲、鲁氏石莲等。特别是鲁氏石莲，能忍受 −15℃的低温，高温至36℃也没事，几乎不用过多打理。周围用石器杂货和多肉植物组合了几处小景，布局在两侧，中间比较大的空白区是父母晾晒农作物的场地。我在组合创作时特别注重了元素的搭配，石器的组合即便是单看也很有美感。石器与老木花窗组合的背景搭配上多肉植物，质朴耐看，透露着浓浓的年代感；长满青苔的老青砖配上石器和多肉，仿佛是一个静谧的微观世界；石器高低错落，配上打坐的猫，画面感满满。

当然，院子里一定要有水，有水便有了灵气。我在多肉植物区后面用天然黄疸石围边做了个鱼池，鱼池后面是长廊美人靠。长廊的一角种着凤尾竹，正所谓"宁可食无肉，不可居无竹"。长廊杂货区里是一堆串村捡回来的"破烂"，这样又多了几处旧民俗小景。

87

杂货，点缀于花境，或与石器、花器搭配可起到画龙点睛的作用，再加上摄影构图，很容易拍出出彩的照片，小景越多越显得内有乾坤。

选择花器方面我的理念是在没花看的季节可以看盆。根据花园风格和自己喜欢的调调选择花盆，比如深灰色、黑色等中性色永不过时，更不会喧宾夺主。有条件的话尽可能收集一些孤品花器和杂货，让花园显得与众不同。

我的小院，虽然不太讲究，东西较多，也比较杂，但一石一水一浮萍，一花一草一庭院，此生足矣。

瞎折腾、乱搭配，小院不断调整提升，我虽然不是专业花匠，但还是得到了一些赞许。过程艰辛，却收获满满，特别是回乡后，我的办公室职业病渐渐消失了，又能做自己喜欢的事情，健康生活、快乐劳作。爱生活，乐于分享，平凡生活也能过成诗意人生！

前院花园的设计方案

{ 首先，来欣赏几个有着统一感和节奏感的经典范例 }

吸引眼球的前院花园在任何时候都应该美美的。为了迎接花季的到来，是否应该重新做些规划呢？我们来看看这些精彩纷呈的方案。

【 埼玉县
平林和枝 】

平林太太家的前院非常美丽，她把施工工作交给园艺公司，沿着房屋将一条狭小空间打造成了别致的花园。对着马路的墙面、房屋后方的小门和工具房都牵引上了玫瑰藤蔓，其他的植物也都选用了素雅的草花，让整体很有统一感。

植栽区特地用石砖垒成低矮的花坛以减少压迫感。窗前种上常绿的树木，繁茂的枝叶遮挡住外人的视线。整个设计在方方面面都花了不少心思来提高美感。

控制颜色的数量
素雅的植物
与墙壁搭配
格外协调

左／落新妇和大星芹这类叶片丰茂、有野趣的花卉，组合成自然式花境。
右／紫色的铁线莲'维尼莎'增加了色彩的变化，突显稳重的氛围。

美丽的景致
延伸至后方
有限的空间
彰显出立体感

右／在门前的凉亭和远处小屋的屋顶上
牵引上玫瑰，引导人们的视线向内移动。
凉亭是根据整个花园的风格特别设计的。
下／高大的常绿树木种植在后方遮挡住
窗户，形成富有纵深感的效果。

颜色柔美的月季
给予花园柔和的情调

左／攀爬在凉亭上的白色'龙沙宝石'，淡雅的颜色造
就温柔的氛围。
右／小屋上牵引了刺少的藤本月季'夏雪'。

同色的组合盆栽
与花坛的植栽完美融合

　　小屋前的组合盆栽，根据花坛的
颜色统一成白色与紫色的基调，给人
和谐感。

左／可爱的白色矮牵牛中，点缀着紫色的小花。
右／蓝紫色的龙面花搭配野草莓，生机勃勃。

更多案例，学习让前院花园更精彩的要点

蓝灰色的栅栏
好似与背景融为一体

木制框架与铁艺栅栏做成的隔断很引人注目。蓝色的角堇和紫红色的郁金香刻意地与其色调统一。

渐变的绿色背景
让玫瑰光彩照人

朝向道路的花坛中种植了针叶树和小檗等观叶植物，从外望去，仿佛贯穿至后方的玫瑰丛中。

柔美的藤条
给砖块增添一分浪漫

在砖块砌成的花坛里种上大量的垂吊植物，让植栽更有动感。

DIY 的栅栏成为
草花表演的舞台

DIY 的栅栏可作为小花坛的背景，透过上方的窗户可以看到里面的景色，演绎出纵深感。在有限的空间里打造出令人印象深刻的景观。

花　坛

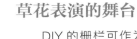

把前院打造成令人印象深刻的舞台

脚下也种满
丰富多彩的植物
增添了趣味性

花坛中成排种植了低矮型玫瑰，再搭配毛地黄和飞燕草等较高的草花，描绘出华美的花带。

成排的杂木树
洒下清爽的绿荫

沿着房屋墙面的狭窄种植带种上了四照花、枫树等，浅色的墙壁映衬着绿叶，营造出凉意满满的风情。

壁 面

节省空间又能装饰壁面的设计

沿着墙壁设置花架
让外墙也显得
绿意葱茏

沿着墙壁安装和砖块同样厚度的搁板，做成独具风味的花架，摆放上盆栽，让小空间也充实丰满。

铁艺花架
让格调瞬间提升

在玄关旁边的墙壁上挂上铁艺花架，作为装点植物的背景。小小的创意，将植物衬托得更美。

装点壁面的白色花朵
营造出浪漫飘逸的氛围

在窗户四周围上白色的藤本月季「约克城」，小朵的白花覆盖住墙面，与脚下的绿植勾勒出动人的画面。

爬满植物的栅栏
营造私密的空间

左侧的木栅栏被川鄂爬山虎覆盖，右侧则用铁丝牵引上黑莓的藤蔓，用植物构成了一个被绿色包围的舒适空间。

巧心构思，
打造出如诗如画的风景

黄色的木门实际只是个装饰。模仿入口处的设计，让人对门内的光景产生想象。

鲜艳的花色
和甜美的芳香

木栅栏专门做出高度的变化，任金银花在上面自由攀爬。洁白的壁面映衬着粉红色小花，甜蜜的芳香更使来往的人们沉醉。

标 志 树

明亮的树叶让脚下的花色更加美丽

在槭树的脚下，搭配种植了法国薰衣草，明亮的叶子和紫色的小花对比鲜明。

选择适合搭配奶黄色墙壁的树木

玄关两侧是银柳和复叶槭，美丽的花斑叶子和柔美花色十分养眼。虽然是大型树木，但也给人轻盈的印象。

金合欢的"棒棒糖"成为可爱的焦点

通往玄关的小路两侧种植的是圆球棒棒糖状的金合欢，脚下种植着同样圆球形的绣球'安娜贝拉'，增添了一丝可爱的感觉。

清新的色调映衬着优雅的橄榄树

米黄色的外墙和同色系的地砖将枝条伸展的橄榄树映衬得更加美丽，让人不禁联想到南欧风光。

入 口

韵味十足的墙垣演绎出古色古香的风情

做旧的墙壁上装饰了雕花玻璃，再搭配一只古旧的车轮，独具匠心的设计使整个画面看起来古色古香、韵味十足。

吸引眼球的大门让人对花园充满向往

居屋入口处设置了一扇手工制作的门，三角形的独特造型和蓝灰色的门扉搭配起来古朴雅致。

有趣的门外空间

安装有对讲机和邮箱的屏风，设计独特且非常实用。背后繁茂的绿叶，构成自然恬静的空间。

台 阶

发挥高低差的魅力

被树木包围的秘密花园

延伸到玄关台阶边的四照花树枝营造出野趣盎然的氛围。

连续摆放的花盆弱化了墙壁的生硬感

台阶上每隔一层摆放一只花盆，仿佛音符般节奏分明。绿色的线条淡化了墙壁的生硬感，让气氛变得柔和，也让人更有走近的欲望。

怒放的木香花下方的小门，宛若童话世界的入口

一直牵引到门内台阶两侧上方的木香，与石墙、木门、地砖等搭配，打造出了令人心醉的风景。

把楼梯扶手当作牵引玫瑰的架子

白色的楼梯扶手与白色的玫瑰'白梅朗'十分搭配，到了花期每次经过都可欣赏到靓丽的美景。

利用花台制造的高低差让植物和背景融为一体

白色装饰椅与复古的石柱上深色的花朵和下垂的绿叶形成优美的组合，与背后开放的浅色玫瑰相得益彰。

组 合 种 植

演绎方法上煞费苦心的别致搭配

攀爬着川鄂爬山虎的大门前摆放了几盆组合盆栽，搭配设计感十足的椅子和花盆，组成富于格调的景致。

花与绿叶的和谐，造就如画般的风景

白色墙壁搭配黑色铁艺吊篮更突显花色的优美

墙壁上悬挂的粉色凤仙花组合盆栽，给下方以淡蓝色的六倍利为主的花坛带来亮眼的一笔。

与植物嬉戏的喜悦

沃土
花园的世界

这是一座充满自然与野性之美的庭院，由一对从都市移居到乡野的夫妇建造。历经13年，这座手工打造的庭院已成为众多园艺师憧憬的样板花园。下面我们就来看看这座个性鲜明的花园的构造，以及初夏和深秋的不同风景。

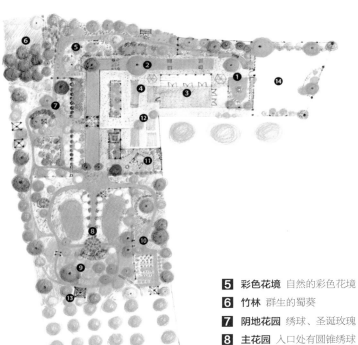

田口勇
片冈邦子

夫妇俩原来在东京从事建筑和室内设计工作，2000年搬家到长野县须坂市，开设了园艺店"沃土花园"，店铺中的自然式花园是园艺师们议论的热门话题。

1 前院花园 以鸟浴盆为中心的小庭院

2 标志树 金叶槐树'小苍兰'

3 店铺与中庭 贩卖手工花园制品的杂货店

4 植物店 宿根植物店

5 彩色花境 自然的彩色花境

6 竹林 群生的蜀葵

7 阴地花园 绣球、圣诞玫瑰

8 主花园 入口处有圆锥绣球

9 草本小径 秋季时观赏草和橡树的红叶美不胜收

10 食用花园 香草蔬菜园

11 小屋 被茶香月季包围的小屋

12 户外厨房 树荫下的餐桌

13 凉亭 漆有红色壁画的美丽凉亭

14 停车场

从2000年开始在日本长野县须坂市造园的田口和片冈夫妇，除了经营园艺店，也承接花园的施工和建造工作。夫妇二人过去都是建筑设计师，工作以店铺设计为主。在泡沫经济时代，一个约3m²、造价100万日元的店铺仅一年就会易手，而后被摧毁、重建，如此反复。夫妇二人原本希望建造出的建筑会随着时间沉淀而更添韵味，但是这样的愿望却无法实现。

"想做一点不一样的事情……"基于这样的想法，加上对园艺的热爱，夫妇俩感受到随着植物生长而逐渐成形的庭院所散发的魅力。"通过预估各种材料组合而成的效果来做出设计，这点建筑和园艺是共通的，但是建造庭院是以自然为对象，所以永远没有完工的时候。"田口先生说。

1. L形庭院的深处是主花园。庭院建造之初，这里只是一处小花境，但是随着草花的生长，逐渐成为自然式的花园。
2. 雨过天晴后草花的色彩更加润泽。
3. 玫瑰和草花交融穿插开放，如此自然的风景是田口先生的向往。

GARDEN
SOIL
的世界

老鹳草、马其顿川续断、红花旋果蚊子草、除虫菊、蔓长春花，生长旺盛的植物自由重叠，形成难以言状的丰盛景色。

GARDEN
SOIL
的世界

花园的入口处伫立
着一排木制栅栏，颇有
韵味。群生的山桃草随风
摇曳，让人不禁对后方的
景致充满期待。

1. 松果菊鲜艳的色彩,成为蜿蜒小径上的焦点。

2. 随意放置的铁艺椅子,每个季节都被不同的草花包围。

3. 和人比肩高的松果菊繁茂旺盛,其中也有由引进的种子培育出的新品种。

4. 坐在亭椅上,可以看到不同的庭院风景。

5. 树荫下的休息区。

"要在50多岁还有体力的时候,靠自己的力量建造一座花园。"下定决心后,夫妇俩便买下了须坂市的这片约5000m²的土地。当时这片地地下约10cm深都是瓦砾,开垦之后,土壤改良的工作一直持续到了现在。"改造这么宽广的地方大约是自己能力的极限了。这个过程虽然辛苦,但我乐在其中。"田口先生说。

这是一座以金叶槐树和橡树为标志树,搭配灌木、宿根植物的自然式花园。不拘泥于和风或是洋风,以四季的自然风景作为范本,用大石头堆积成石墙,铺设上面平滑、侧面粗糙的石块,模仿著名的塔莎花园建成花坛……这些创意,让原本平坦的土地呈现出高低起伏的变化。

GARDEN
SOIL 的世界

1　　　2　　　3

其实在造园之初，主花园是一座按英式花园的样式来设计的、色彩分明的花境园。但经过十多年的变化，如今成了体量丰满的自然式花园。手工打造的建筑物和植物融为一体，洋溢着自然的气氛。"最近，我觉得造园不一定需要严谨的设计，就让草花无缝地交融也不错。"片冈女士说。

夫妇二人如今面临的困难是植物数量的增减。二歧银莲花、秋牡丹、泽兰这类生长旺盛的植物过度扩张，使庭院的风景略显单调。"虽然让植物自然生长是对自然的尊重，但还是需要一定的整理。"田口先生说。

一边确认植栽配置的观感，一边一点一滴地调整植物的分量，这些工作没有止境。

1. 因为寒冷，圆锥绣球'石灰灯'的白花到了秋天变成柔和的粉红色。
2. 在湛蓝的天空映衬下的斑鸠菊。
3. 在黄昏的斜阳下，带有秋日忧伤情绪的海棠果。
4. 停车场旁边色彩鲜艳的百日菊在欢迎客人的到来。
5. 虽然客人们都喜欢6月的风景，但是田口先生自己拍摄的照片却以10月下旬的景致居多。

深秋

GARDEN
SOIL
的世界

作为标志树的金叶槐树在四季
更迭中呈现出不同的景观。秋季落
叶铺成的"地毯"，使花园秋意十足。

在开垦土地时，夫妇俩计划用10年的时间完成庭院的造型，但实际上到目前为止还未完成。种好的树木枯死了，土地里的球根被田鼠吃掉了，草花株型超过预期的庞大……"自然不会像人预想的一样，所以特别有意思。"这种造园的独特滋味，夫妇俩每天都在品尝。"植物们自然生长，成就了今天的野性花园。好像我们用'自然'这个词特别多。因为我们一直在追求自然，然后在庭院里表现自然。建成10年以上的庭院的成熟风貌，在建造不满3年的庭院里是看不到的。现在每年即使不做什么，植物也会自然地开花、成长。在清理不需要的植株时，我们一边注意不过度参与，一边努力保留这种自然风格来细心操作。"田口先生说。

相信成长中的"沃土花园"未来会更上一层楼，离二人的理想之地越来越近。

1、2. 入秋后，橡树独特的叶片变成红色，这时便可尽情欣赏红叶。

3. 高大的树木和低矮的植物精妙搭配，在各种叶色交织的季节里增添层次感。

4. 土里的球根遭受鼠害，被田鼠吃掉。田口先生说："种在观赏草边的大丽花较少受害，因为观赏草的根系很紧密。"

1. 在不经意中演绎出植物自然生长的样子，这就是"沃土花园"的魅力吧。

2. 除了引进的品种，也有很多日式传统菊花。"这种花可以一直开放到深秋，真是太好了，以前在美国的洛克菲勒中心花园看到一片菊花花海的风景，一直印在我脑海里。"田口先生说。

3、4. 秋季的庭院里随处可见枫树的红叶，但"沃土花园"里植物展现出的金黄色、锈红色、古铜色，演绎出了更加多姿多彩的秋色。

田口先生说："和植物打交道有很多学问，这里面还包括了深奥的哲学。庭院带来的，不仅仅是美丽的风景。"

"在和植物接触时，对时间的看法也有了改变。有时植物需要成长3～5年才会对庭院产生影响。有了这样的时间概念，看待事物的眼光也会变得更加长远。播种之后，植物发芽的样子、开花的样子以及枯萎的样子，都有着各样的风情，可以感觉到这就是植物的一生。虽然人类和植物的生命周期不同，但同样生活在地球。和植物一样，我们也会回到自然中去，这样想着就对死亡没有恐惧。"一边与植物的生长共感，一边继续在庭院里劳作，这也是片冈女士从50岁开始感悟到的人生观。

深秋

沃土花园
地址：日本长野县须坂市野道 581-1
营业时间：10：00～18：00　周一休息

遍地缤纷
令人难忘的
花园

　　本篇记录的是刺绣作家青木和子女士记忆中难忘的花园景色。她向我们讲述了至今仍令她回想的野花遍地盛开的花园景致。

上图／视线不受任何遮挡，花草遍地绽放的"紫竹花园"。
下图／顶着朝露的玉簪、染成深蓝色的飞燕草等，各种各样的花草带来视觉享受。

可爱的花草遍地绽放
令人着迷的"紫竹花园"

如今已是刺绣作家的青木和子女士，从小学起就喜欢刺绣。她常常将花园中盛放的花草作为刺绣作品的主题。那温柔而可爱的氛围充满魅力，使很多人为之着迷。因为工作，同时也作为个人爱好，青木女士常常去拜访各地的花园。那么，让她印象深刻的花园，又是什么样子的呢？

"我当然也喜欢有漂亮植物的花园，但最吸引我的，莫过于如同野花盛放在原野一般、充满野趣的花园。其中令我印象最深刻的，是北海道的'紫竹花园'。"

"紫竹花园"位于北海道带广市，是人称"紫竹奶奶"的紫竹昭叶女士在年过六旬之后和家人一起建造的。在这座花园宽广的土地上盛放着2500多种花朵，每天到此参观拜访的游客络绎不绝。青木女士首次拜访"紫竹花园"是在2007年7月。"那个时候刚好是灿烂夺目的蓝色飞燕草全盛的时期，再加上盛开的玫瑰和铁线莲，整个花园正好迎来巅峰状态。""紫竹花园"根据不同主题划分出了花境园、岩石园等区域，其中最吸引青木女士的，是再现了"紫竹奶奶"孩童时期原野风景的"野花花园"。

"根据'紫竹奶奶'的说法，花园里的花只是在最开始的时候靠人工播种，随后就不再插手，'放羊吃草'了。渐渐地，强壮的品种生存了下来，弱小的品种则慢慢被淘汰……植物展现的是其天然的姿态，我被这种充满跃动感的风景深深吸引了。"

青木女士在游览"野花花园"时，只是单纯地四下散步，或者坐着发呆。在空闲的时间拍拍照片、画

上、下图 / 色彩丰富的"野花花园"。据说在这里可以随意采摘花朵。

以在"野花花园"中大量盛开的火红的观赏罂粟花为主题图案的刺绣作品。

这些是花草的素描。准确捕捉局部的细节是创作作品的关键。

画素描加以记录，悠闲地度过了参观的时光。"在 3 天的观光时间里，我每天都会去'野花花园'。其他观光的游客不知道为什么都没有过来，这里几乎被我一个人独占。我在'野花花园'度过了一段奢侈的时光——除了自己，没有任何人来打扰的安静的世界。"

眼前蜿蜒的是色彩缤纷的花田，尽头则是无限开阔的天空——青木女士享受了一段仿佛静止下来的静谧时光。"在工作繁忙到顾不上打理花园时，我总会不经意想起在'野花花园'度过的那段时光，心情就会变得平和。"

将野外绽放的花朵转化成刺绣作品

青木女士以"野花花园"中绽放的花朵为主题图案，进行了刺绣作品的创作。"最初，我按照实际的风景进行了多彩的设计，但画面无论如何都没法协调统一。色彩斑斓的景致在自然中看到时分明觉得很美丽，但进行刺绣创作却总是给人以凌乱的印象。那个时候，我才意识到大自然的力量。它能将各种色彩组合成如此和谐的景致，真的非常了不起。"

青木女士在创作刺绣作品时，对于体现植物的绿色和质感特别讲究。"如果不能很好地表现出植物的绿色，那么不管搭配什么花朵都无法得到理想的效果。"从花草的颜色和质感，到叶子和花序的生长方式等，对细节细致入微的观察，使青木女士的作品更具深度与魅力。

遗憾的是，现在"野花花园"已经成了农业用地。但在青木女士的记忆和刺绣作品中，这份美丽被小心翼翼地珍藏了下来。

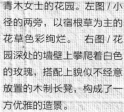

造访花园的丸花蜂，
被花园的魅力深深吸引。

青木女士的花园。左图 / 小径的两旁，以宿根草为主的花草色彩绚烂。 右图 / 花园深处的墙壁上攀爬着白色的玫瑰，搭配上貌似不经意放置的木制长凳，构成了一方优雅的造景。

以"紫竹花园"为造园目标

给青木女士的创作带来最多灵感的是她自家的花园。大约 27 年前青木女士对家进行了翻新，并开始建造花园。一开始青木女士想建造一个充满花朵的花园，以一、二年生的草本、香草和玫瑰为主。而有这样的造园想法，正是受"紫竹花园"的影响。

"那些在'野花花园'中没有被淘汰的植物，它们以所拥有的最大力量绽放着，给我留下了强韧而美丽的印象。"

青木女士的作品中，那些造访花草的昆虫也有登场。她希望打造出一个尊重自然，不过分人为干预，让昆虫和花草都自由生长的场所：一个所有生物都保持原样，展现天然美丽的花园。青木女士在造园时用心挑选了适合环境的植物。"使花朵盛放的，不是我的力量，而是植物本身的力量。"在"野花花园"中度过的静谧时光，教会了青木女士如何与植物构建良好的关系。

青木和子 女士

刺绣作家。在自家的花园中栽培植物，并通过刺绣来展现花草的模样。质朴而可爱的风格吸引了众多粉丝。出版有《青木和子的刺绣日记》等著作。

一起去参观

个性十足的

样板花园吧！

Sample garden

　　样板花园展现了园主的个性和爱好，从植物的选择到风景的呈现方式，各方面都淋漓尽致地展现在我们面前，让我们一起去瞧瞧那些色彩各异的花园吧。听取专家独到的见解，让你的花园升级。

花园的入口处，标志性的光蜡树下光影斑驳。铁质的篱笆和代替花台的铁制跷跷板更好地衬托出绿色的美感。

白色墙面映衬着绿植翠色欲滴的花园

　　伫立于住宅街的一角，一个以白色小屋为标志的庭院被一片绿色覆盖。行人在过道上便可对草坪角一览无遗，花园深处被墙壁包围，地面用石板铺就。尽管挑选的植物很素雅，但丝毫不显得单调。每个角落都搭配了适合主题的树木和杂货，在白色墙壁的映衬下，更是趣味盎然。

被白色墙壁包围着的如同小屋一般的角落

　　在白色墙壁的背景中，阳光照射下的常春藤和银白杨熠熠发光，显得十分美丽。配以古典风格的家具和杂货，仿佛西洋书中的一个场景。

装饰在墙角的铁架子是焦点

　　古典造型的铁架子倚靠在墙边，自然的曲线使整个角落变得柔和。红陶盆的小型盆栽给环境添加了温馨感，常春藤的枝条像要溢出一般。

植物清单　　◄◄白色墙壁映衬下的植物

玫瑰 '慷慨的园丁'
蔷薇科 / 落叶灌木
植株高度：2 ~ 3.5m
开花期：5—6月

川鄂爬山虎
葡萄科 / 落叶藤本灌木
植株高度：约6m
开花期：4—6月

红花七叶树
七叶树科 / 落叶灌木
植株高度：15 ~ 20m
开花期：5—6月

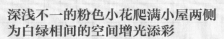

柔韧的枝蔓和纤细的小叶让窗边的氛围更佳

　　将川鄂爬山虎从旁导入，缠绕在窗边，仿佛给窗户镶边一般，形成一幅如画的风景。陈旧质感的百叶窗将叶子的青翠欲滴衬托得更加分明。

深浅不一的粉色小花爬满小屋两侧为白绿相间的空间增光添彩

　　在小屋的侧面架上铁丝，牵引上攀缘植物。红花七叶树朝气蓬勃的粉色花朵令人耳目一新，和大朵的玫瑰一起在华美的入口等待游人观赏。

让手工道具熠熠发光的艺术空间

找到装饰物的绝佳平衡打造花园的亮点

长凳、拱门、滑梯的位置构成一个三角形，无论从哪个角度欣赏，都能一眼望见焦点。

韵味十足的装饰物巧妙地布置于铺满椰壳碎的花园之中，利用涂漆等方式，让装饰物散发出别致的风味。古朴的装饰物周围特意用可爱的植物加以衬托，或是以娇艳的花色加以点缀。植物的种植和装饰物的布置，如同拍照一样，都是在考虑好构图的基础上决定的。主人通过绝妙的构思，创作出一幅给人鲜明印象的画面。

厚重的拱门脚边用杂货加以装饰，让整体氛围变得轻快起来

这个手工打造的拱门以铁质框架为内芯，外层用聚苯乙烯泡沫塑料的隔热材料加以包装。

花园一角

让地栽空间也变得娇艳美丽

凉台预留一块，填入土壤打造成植物角。铁质的篱笆高高竖起，远远地便可吸引路人的目光。

小小的滑梯让鲜嫩娇美的花草更显俏皮

滑梯采用了涂漆等做旧工艺，古旧的质感衬托得鼠李、宿根柳穿鱼等植物格外纤美。

植物清单 ◀◀ 风景中的焦点植物

烟树（黄栌）
漆树科 / 落叶乔木
植株高度：4～6m
开花期：5—6月

大丽花'莱顿城'
菊科 / 宿根草
植株高度：70～80cm
开花期：5—7月，9—10月

以鲜艳的红色花朵来装点屏风的底部

韵味十足的古典屏风是这个角落的主角，而格外吸引人的红色大丽花则更好地衬托了蓝灰色的屏风。

柔软蓬松的烟树让整个风景更显柔和

古典造型的梯子倚靠在颇具韵味的木栅栏边，营造出怀旧的景色。烟树上如烟雾一般朦胧的花穗则更添柔和。

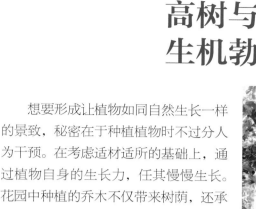

高树与矮木织就出
生机勃勃的自然花园

想要形成让植物如同自然生长一样的景致，秘密在于种植植物时不过分人为干预。在考虑适材适所的基础上，通过植物自身的生长力，任其慢慢生长。花园中种植的乔木不仅带来树荫，还承担着保护其他植物不被日光直射的作用，再种上喜半阴的绣球，使初夏的花园更添华美。蓝色的花穗在日光西斜的傍晚分外妖娆。

凉亭柱子上
耐看的绣球

不断往上生长的绣球攀爬在凉亭的柱子上。即使只有一种花色，看起来也十分饱满。

沿着斜坡铺上石头
造就一条独具风情的
园中小径

在小屋侧面的斜坡上，用干砌石铺就了一条小路。漂亮的新西兰棕麻吸引着游人前来的脚步。

花园的入口处
用大树创造出凉爽的树荫

右手边是花园的入口。覆盖在此处的粉叶复叶槭、枹栎、西洋牡荆树等植物勾起游人深入探访的兴趣。

被绣球环绕的小路

在连接着小屋后方的台阶两旁，沿着斜坡种上绣球，打造出高低差。覆盖在顶棚上的光蜡树的绿叶也十分美丽。

植物清单 ◄◄ 令人印象深刻的植物

大丽花 '黑骑士'
菊科 / 多年生草本
植株高度：40～50cm
开花期：6—11月

百子莲
百合科 / 宿根草
植株高度：0.5～1m
开花期：5—8月

将引人注目的黄色大丽花
作为栽培植物的焦点

手工打造的凉亭坐落于庭院的一角。此处刚好是花园的尽头，搭配上鸟浴盆和黄色的大丽花，打造出一方枝繁叶茂的宽敞空间。

秀气的小花绝不逊色于
大株的绣球

朝着花园入口的小路，右边种植着深蓝色的绣球，左边种植着淡紫色的百子莲，两者交相辉映。

巧妙地利用叶子
使花园更添色彩

在植物列队出迎的华美入口处，或是被各式植物填满的花坛中，巧妙利用叶子作为植物搭配的关键是：需要明亮效果的地方搭配金色和银色的叶子；需要醒目效果的地方搭配个性化的斑叶；需要沉稳效果的地方搭配具有厚重感的叶子。使各个角落兼具个性与统一感。

阳光房
是主人引以为傲的
休憩空间

主人从英国订购的阳光房，也作为招待来客的咖啡厅使用。透过顶棚的玻璃可以看到那棵树龄超过20年的欧洲七叶树，这棵树是花园的压轴之作。

花园
一角

用明快的叶色衬托
清秀而简约的白玫瑰

奶油色墙面上方缠绕着白玫瑰，下方栽种的是小叶黄杨。小叶黄杨黄色的叶子闪亮夺目，衬托出玫瑰的洁白，带来明快的感觉。

色泽鲜艳的彩色叶子
是植物搭配的重点

鼠尾草等植物组成的紫色角落中，黄花的珍珠菜和红色的矾根格外亮眼。

在引人注目的入口
用具有质感的植物
打造出热闹的氛围

蜿蜒逶迤的花园小路两侧，是栽培着众多植物的种植床。背景搭配叶色浓郁的树木，突显出院子的进深。

植物清单 ◀◀ 衬托主要植物的叶子

西洋接骨木
忍冬科 / 落叶灌木
植株高度：1.5～2m
开花期：5月

紫铜色的叶片将
娇艳的玫瑰
衬托得更具魅力

洁白的墙壁上攀爬着玫瑰'龙沙宝石'。西洋接骨木雅致的紫铜色叶片衬托出深粉色玫瑰的高雅。

大吴风草'浮云锦''天星'
菊科 / 宿根草
植株高度：30～60cm
开花期：10—12月

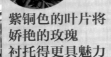

个性化的斑叶
给人以"标志性树木"的印象

在一个背阴的角落，众多叶子中，最吸引注意力的斑叶大吴风草，密密地覆盖在欧洲七叶树的树干上。

利用不同的装饰品
一个小小的角落
也能营造出漂亮的景致

别致的杂货装饰和花草搭配是这个花园的亮点。无论是古旧的钢桶做成的花盆，还是梯子做成的花架，园主用"联想"的乐趣，将杂货的魅力发挥出来。为了弥补杂货暗沉的色调，植物栽培以浅黄、浅蓝、浅粉色调的可爱花草为主。起收束作用的杂货和增加柔和印象的花草——正是这种绝妙的平衡，造就了张弛有度的景致。

用铁篱笆
衬托钢筋混凝土制的院墙
打造轻快的风格

在钢筋混凝土制的墙边搭建铁质的篱笆，引导玫瑰攀爬其上。篱笆外种上蓝色的黑种草等充满野趣的花朵遮挡住下方。

花园一角

以上过漆的板壁为背景
装饰自己喜欢的杂货

在蓝色的板壁上刷以白漆，打造出具有陈旧感的陈列空间。钢桶制成的种植盆、缝纫机改造成的花架等旧器具，营造出趣味深远的氛围。

灵活运用梯子
充分展示乐趣玩心

笔直的梯子，横着安装在室内绿植角的墙壁上，便可以当作搁板使用。脚蹬型的梯子攀爬上玫瑰就成了花格架，放上木箱则成了花台。

植物清单 ◀◀ 为杂货增光添彩的花朵

菊花'马维尔'
菊科 / 宿根草
植株高度：20 ~ 40cm
开花期：5—7 月

可爱的花朵搭配古旧的杂货

锈迹斑斑的铁盆里种上可爱的小花。风格截然相反的杂货与花草，互相衬托出彼此独特的韵味。

作为花园焦点的小屋上，牵引至玄关的月季'西班牙美人'即将绽放，为庭园描绘上瑰丽色彩。

拜访
独具风格的
花园

花园中花朵随微风温柔轻晃。这个用二十载岁月打造出的空间里充盈着整个家族对花的喜爱，静静流淌在温暖的时光中。

宛如自然草甸一般
铭刻着家族历史的天然手作花园

　　幽静的住宅街上林荫树秀雅悦目，中井先生的住宅便坐落于住宅街的高地上。自然植栽装点而成的庭院宛若鲜花盛放的自然草甸，让人不由驻足。

　　大约20年前，中井先生乔迁至此，并以此为契机开始了庭院种植。中井先生想打造一个有自我风格、能丰富自己内心的空间。以此为动力，全家人齐心协力将庭院从曾经的荒芜空地改造成了理想中的花园。

　　庭院所处的水平面高于路面，加之南侧有一个广阔的公园，因此并不会太惹人注目。以旁边公园的绿色景致为借景，所以庭院里只需种下少量树木即可，留出更多空间开辟花坛和铺设草坪。花坛用天然石料堆砌而成，颇有旷野的风味，微微呈弧形的曲线勾勒出一幅怡然之景。

　　中井先生在庭院的设计上参考了去欧洲旅行时见到的美景和书上看到的心仪景观。以蕾丝花与麦仙翁等白色花卉作为基调，搭配野蓝蓟、石竹和矢车菊等花色为粉红色或蓝色的中间色调的花朵进行调和，呈现出柔和怡人的景致。春天结束时，在花坛改种一串红与百日菊等花卉，给庭院换上夏装。

1. 在起居室前方的石头露台上品茶。头顶的藤架上铺了树脂板，雨天亦可在此处悠然地观赏庭院风景。
2. 以蕾丝花、麦仙翁等浅色花朵为主基调，点缀几朵鲜红的虞美人或紫红色的矢车菊，给花坛加入一道亮色，调和甜美感。
3. 此处原本都是草地，后将周边长势不好的区域改为了园路。园路上的仿古砖块是全家人一起铺设的。

4. 以公园的樱花树为借景，营造出郁郁葱葱的绿色庭院。天然石料垒砌的花坛前，盛开着红色花朵的盆栽成为了路标。

5. 阳台侧面的背阴处建成了树荫花园，此处栽种了大株的玉簪和矾根等彩叶植物，呈现出与主花坛截然不同的景观。

6. 树荫花园背后的木墙上开了小窗，窗台上的小鸟摆设给此处增添了几分可爱。

7. 玄关门廊处小木屋风格的凉亭。内侧空间里摆放了长凳与小桌，就像个小小的房间。一些喜阴的植物也摆放在此处。

　　这是一家人用了20年光阴，一草一木、一点一滴亲手建成的花园。每逢家庭纪念日，中井家都会以种树或者改造庭院的方式进行纪念。例如，作为庭院焦点的小屋便是中井夫妇结婚30周年以及中井先生60岁生日的纪念。夫人赠予先生一套庭院小屋的建造材料和工具，再由先生亲手组装起来。此外，玄关门廊处的小木屋，是先生为了纪念夫人退休而特意建造的。设计上参考了夫妇二人去英国旅游时见到的酒吧的格局。中井先生笑道："很遗憾结婚25周年时种下的科罗拉多蓝杉在2016年枯萎了，但当时为了栽植蓝杉而挖洞取出的土壤却堆砌成了这个阳台。这里地势高，所以看到的景致十分悦目。"即使栽植失败了，这座花园也牢牢地承载着一家人重要的回忆。

　　近几年来，中井先生和园艺的同好们一起开展了在住宅公共区域种花的活动。"若是让住宅区开满鲜花，居民们就能有聊天交流的场地，小孩们也会渐渐培养出对环境的关爱之心……"中井先生怀揣着这样的心意开始了种花的活动。他们培育了50余种、500多株花苗，种植在车站四周的花坛中。"花可以给人们带来巨大的感动与欢喜。"中井先生在家人与朋友的鼓舞下，继续用心打理着他的庭院。

从头顶倾泻而下的
纯白色木香
描绘出一幅浪漫的画卷

藤架漆成了天蓝色，搭配以复古
造型的照明灯与挂篮，别有一番韵味。

被温柔的花香包围
享受平静而舒心的沐浴时光

洋甘菊

学　名：*Matricaria chamomilla*
（德国种）
Chamaemelum nobile
（罗马种）
科　名：菊科
原产地：欧洲、亚洲
植株高：40～50cm
种植期：3—4月，9—10月
开花期：4—5月
收获期：4—5月

栽培要点

　　一年生的洋甘菊，通常是自然播种繁殖的，推荐地栽。开花后待叶子枯萎时整株拔起为宜。

浴盐的制作方法

材料：洋甘菊干花、盐、缎带、橡皮筋、塑料袋、玻璃纱或纱布等布料（约20cm×20cm）

　　将洋甘菊干花和盐（1：1）放入塑料袋，轻轻揉搓。混匀后将其放在布料的中心位置，包装成自己喜欢的形状，用橡皮筋扎好后系上缎带。

❦ 让身心充满活力
香草的治愈笔记

用洋甘菊干花制作入浴剂

　　春天是充满变化的季节，提到象征春天的香草，很容易让人联想到因花草茶而为人熟知的洋甘菊。洋甘菊具有舒缓镇定的效果，对消解压力十分有效。这里向大家推荐一种由洋甘菊制成的入浴剂。洋甘菊甘甜的香味能够消解疲劳，促进睡眠，还有发汗、镇定、消炎等作用。制作入浴剂时，须使用干花，采摘洋甘菊花朵的部分，平铺在扁平的笸箩里，晒干或用空调干燥，花朵干透后就算制作完成了。将花朵装进纱布袋即可使用，和盐混合效果更佳，因为盐也具有一定的发汗作用。另外，将干花装入透明纱袋中，扎上缎带，还可作为小礼物送给朋友。如果用的是自家种植的洋甘菊，那就更有意义了。

　　洋甘菊的花语是"逆境里的能量"，它能给人以积极向上的动力，正如它能在任何撒下种子的地方生根发芽，开出花朵一样。

香草顾问
佐佐木薰 女士

　　她以香草、精油为切入点，将对植物文化、历史的探索当作毕生的事业，并著有图书《佐佐木薰的芳香疗法纪行》，向大众传授芳香疗法的相关知识。

"正流行"的英式花园

English Garden

说到英式花园，一般大家都会想到面积很大的花园。其实在英国，也有很多狭小的花园可以作为造园的参考。接下来我们将介绍几座位于伦敦和科茨沃尔德的"正流行"的英式花园。

佐藤

　　园艺作家、主播，活跃于出版界和影视界。2002年起定居英国，学习英国的园艺知识和技术，并热衷于参加当地的花园志愿者活动，希望将所学所见传播给园艺爱好者。

把历史悠久的皮毛工匠之家
改造成现代风格的花园

伦敦／鲁伯特·惠勒

伦敦东部，林立着众多时尚咖啡馆与时装店的斯皮塔佛德地区是17～18世纪遭受宗教迫害，从法国逃亡而来的胡格诺派教徒居住的地方。建筑师鲁伯特·惠勒在这里买下了一座房子。这座房子曾是胡格诺派教徒的皮毛工匠生活和工作的地方。一住进这里，鲁伯特先生就把整座建筑最里侧的屋顶和地板拆掉，保留墙壁和横梁，建成了一座长11m、宽5m的花园。横跨左右的大梁、通往里侧的园路、向上生长的地中海柏树——这3条直线构成了花园的立体结构，形成了线与线交叉的奇妙视觉观感。鲁伯特先生说："对于小花园来说，让人感觉到进深是很重要的。"在这个精心设计的交叉结构中，植物的布置却是自由随性的。鲁伯特一家在这座严谨与自由交融的花园中聚餐、亲近自然，而这座花园也成为他们家不可缺少的一部分。

124

1. 以绿色为基调的花园中，白色花朵让人眼前一亮。曾经的房屋横梁变成了牵引着古老月季'菲力赛特'的凉亭。
2. 为城市花园带来治愈感的长椅旁，绽放的绣球看起来华丽又不落俗。
3. 落地的推拉玻璃门使花园和起居室连成一体。
4. 为荫蔽处带来明亮色彩的花朵。波浪般皱褶的叶片看起来十分简练。
5. 选择了有特殊形态和存在感的植物。绣球'安娜贝拉'带来雕塑般的装饰效果。

鲁伯特·惠勒的花园

1. 藤本月季'怜悯'让立体空间更加丰满。
2. 喜欢园艺的父亲在格兰特很小的时候就教她园艺的相关知识。劳作本身就是花园带给人的一种巨大快乐。
3. 借景于邻居家造型美丽的蔓生蔷薇'齐福之门',难得的下午茶时间通常都是与这些花朵为伴。

格兰特的花园

分享与花为伴的生活
百宝箱般丰富的花园

科茨沃尔德 / 格兰特

　　植被丰富的丘陵与蜂蜜色的石灰岩建筑——这就是科茨沃尔德给人的印象。格兰特居住的村庄位于科茨沃尔德的东侧,从伦敦驱车2小时可到达。在她宽3.5m、长12m的花园里种植着花期不同的粉色系和蓝色系花朵,从夏到秋花开不断,不同花形与株型的植物搭配在一起。花期结束的植物会被挖出并种在里侧的育苗区以等待来年开花,空出来的地方则种上其他植物。修剪植物后,也会在其周围种植其他植物以遮盖空地。格兰特还说:"种植得密集一点效果会更好。"各种植物密集种植并保持花开不断就是她所擅长的造园方法。常有路人被花园美景震撼到,并向她咨询。格兰特还会定期参加各种花园志愿者活动,与他人分享与花为伴的快乐。

4. 中央花坛与四周的花境以小路相连。钓钟柳、福禄考、荆芥、婆婆纳等蓝色与粉红色的花朵搭配在一起,看起来十分浪漫。
5. 通往教堂的路上也栽种着各种花朵。有一位路人还对格兰特说:"每次看到你的花园,我都会很开心。"

格兰特的花园

◉ 全面的园艺生活指导，花园生活的百变创意，打造属于你的个性花园
◉ 开启与自然的对话，在园艺里寻找自己的宁静天地
◉ 滋润心灵的森系阅读，营造清新雅致的自然生活

Garden&Garden 杂志国内唯一授权版

Garden&Garden 杂志是来自日本东京的园艺杂志，其充满时尚感的图片和实用经典案例，受到园艺师、花友及热爱生活和自然的人们喜爱。《花园 MOOK》在此基础上加入适合国内花友的最新园艺内容，是一套不可多得的园艺指导图书。

精确联结园艺读者

精准定位中国园艺爱好者群体，为园艺爱好者介绍最新园艺资讯、园艺技法等。

倡导园艺生活方式

将园艺作为"生活方式"进行倡导，并与生活紧密结合，培养更多读者对园艺的兴趣，使其成为园艺爱好者。

创新园艺传播方式

将园艺图书／杂志时尚化、生活化、人文化；开拓更多时尚园艺载体，比如花园MOOK、花园记事本、花草台历等。

Vol.01

花园MOOK·金暖秋冬号

Vol.02
花园MOOK·粉彩早春号

Vol.03

花园MOOK·静好春光号

Vol.04

花园MOOK·绿意凉风号

Vol.05
花园MOOK·私房杂货号

Vol.06

花园MOOK·铁线莲号

Vol.07

花园MOOK·玫瑰月季号

Vol.08

花园MOOK·绣球号

Vol.09
花园MOOK·创意组盆号

订购方法
● 《花园 MOOK》丛书订购电话　　TEL／027-87679468
● 淘宝店铺地址
http://shop453076817.taobao.com/

加入绿手指俱乐部的方法

欢迎加入绿手指园艺俱乐部，我们将会推出更多优秀园艺图书，让您的生活充满绿意！

入会方式：
1. 请详细填写你的地址、电话、姓名等基本资料，以及对绿手指图书的建议，寄至出版社（湖北省武汉市雄楚大街 268 号出版文化城 C 座 8 楼 湖北科学技术出版社 绿手指园艺俱乐部收）
2. 加入绿手指园艺俱乐部 QQ 群：235453414，参与俱乐部互动。

会员福利：
1. 你的任何问题都将获得最详尽的解答，且不收取任何费用。
2. 可优先得知绿手指园艺丛书的上市日期及相关活动讯息，购买绿手指园艺丛书会有意想不到的优惠。
3. 可优先得到参与绿手指俱乐部举办相关活动的机会。
4. 各种礼品等你来领取。